Michael Griga

Einnahmen-Überschussrechnung für Dummies

Das Pocketbuch

2., aktualisierte und überarbeitete Auflage

WILEY

WILEY-VCH Verlag GmbH & Co. KGaA

Bibliografische Information der Deutschen Nationalbibliothek

Die Deutsche Nationalbibliothek verzeichnet diese Publikation in der Deutschen Nationalbibliografie; detaillierte bibliografische Daten sind im Internet über http://dnb.d-nb.de abrufbar.

2. Auflage 2015

Korrektur: Harriet Gehring, Köln
Satz: inmedialo Digital- und Printmedien UG, Plankstadt
Druck und Bindung: CPI – Ebner & Spiegel, Ulm

ISBN: 978-3-527-71185-7

Grundlegende Begriffe

- Die *Umsatzsteuer* ist die von Ihnen in Ihrer Ausgangsrechnung erhobene Steuer – sofern Sie umsatzsteuerpflichtig sind.
- Die *Vorsteuer* ist die in Ihren Eingangsrechnungen enthaltene Steuer.
- Die Umsatz- und die Vorsteuer werden auch als *Mehrwertsteuer* bezeichnet
- Gewerbetreibende müssen *Gewerbesteuer* auf den erzielten Gewinn bezahlen, Freiberufler nicht. Die Gewerbesteuer wird von den Kommunen erhoben.
- Sofern Sie in Deutschland wohnen oder sich länger als sechs Monate in Deutschland aufhalten, unterliegen Ihre Einkünfte der *Einkommensteuer*. Dabei ist es völlig egal, wo auf der Welt diese Einkünfte entstanden sind. Das bedeutet, dass Sie nicht nur Ihre inländischen, sondern auch Ihre im Ausland erzielten Einkünfte hier versteuern müssen.
- Jedes Jahr bis spätestens zum 31. Mai müssen Sie eine *Einkommensteuererklärung* für das vergangene Jahr abgeben. Wenn Sie aus beruflichen oder privaten Gründen den Termin nicht einhalten können, sollten Sie dies dem Finanzamt schriftlich mitteilen und um eine *Fristverlängerung* bis zum 30. September bitten. Dies wird in aller Regel gewährt.
- Nicht jeder verdiente Euro wird gleich versteuert. Die prozentuale Steuerbelastung wächst mit steigendem Einkommen. Das ist die *Steuerprogression*.

Grundlegende Begriffe

- Bei Ledigen sind derzeit die ersten 8.354 Euro des Einkommens komplett steuerfrei. Bei Verheirateten ist es das Doppelte: 16.708 Euro. Das ist der sogenannte *Grundfreibetrag*, der das *Existenzminimum* sichern soll.
- Zum *Anlagevermögen* zählt alles, was dem Geschäftsbetrieb mindestens ein Jahr lang dient. *Umlaufvermögen* dient Ihnen nur kurze Zeit und wird danach verbraucht oder verkauft.
- *Abnutzbare Anlagegüter* verlieren durch ihre Nutzung oder durch Alterung an Wert. Diesen Wertverlust erfassen Sie, indem Sie das Anlagegut *abschreiben*.
- Die Anschaffungskosten für abnutzbare Wirtschaftsgüter des Anlagevermögens dürfen nicht sofort als Betriebsausgabe eingetragen werden. Erst die Abschreibungsbeträge – auf Steuerdeutsch Absetzungen für Abnutzung, kurz *AfA* – dürfen Sie als Betriebsausgabe angeben.
- Wirtschaftsgüter des Anlagevermögens, die weniger als *150 Euro* gekostet haben, müssen Sie nicht gesondert aufzeichnen. Sie können diese sofort einfach an passender Stelle als Betriebsausgabe geltend machen.

Inhaltsverzeichnis

Einführung 7

Teil I
Rahmenbedingungen und das liebe Steuerrecht 11

Kapitel 1
Aufbewahrungspflichten und der Umgang mit dem Finanzamt 13

Kapitel 2
Wer die Überschussrechnung anwenden darf 19

Kapitel 3
Tendenz steigend – die Umsatzsteuer 27

Kapitel 4
Richtig planen: Die Einkommensteuer und die Gewerbesteuer 33

Teil II
Betriebseinnahmen 39

Kapitel 5
Betriebseinnahmen mit und ohne Umsatzsteuer 41

Kapitel 6
Private Nutzung und die Entnahme von Anlagevermögen 47

Teil III
Betriebsausgaben und Gewinnermittlung 57

Kapitel 7
Wareneinkäufe erfassen und Pauschalen ausnutzen 59

Kapitel 8
Abschreibungen, Fahrzeugkosten und Arbeitszimmer 69

Kapitel 9
Schuldzinsen und sonstige Betriebsausgaben 91

Kapitel 10
Gewinnermittlung, Rücklagen und Investitionsabzugsbeträge 101

Teil IV
Steuerspartipps und Wechselgründe 111

Kapitel 11
Zwischen den Gewinnermittlungsarten wechseln 113

Kapitel 12
Steuertipps für Überschussrechner 115

Teil V
Der Top-Ten-Teil 119

Kapitel 13
Zehn Tipps zur EÜR-Software und Internetseiten 121

Stichwortverzeichnis 125

Einführung

Jedes Jahr wiederholt sich das Drama der Gewinnermittlung und Steuererklärung aufs Neue. Einige Sachverhalte vergessen, das Formular schon wieder verändert und mit manchen Möglichkeiten noch nie vertraut gemacht. Wann auch ...

Dieses Büchlein soll Ihnen dabei helfen, die Einnahmen-Überschussrechnung, EÜR, künftig gelassener auszufüllen und dabei Ihre Möglichkeiten besser auszuschöpfen. Es erwartet Sie ein verständlicher und schneller Überblick über das Thema, der auf unnötiges Fachchinesisch verzichtet.

Herzlich willkommen in der wunderbaren EÜR-Welt der tausend Möglichkeiten. Viel Spaß und Gewinn beim Lesen!

Über dieses Buch

Falls Sie ein mit Theorie vollgepacktes Buch erwarten, sind Sie hier falsch. Denn was Sie gerade vor sich haben, ist ein praxisorientierter und gut verständlicher Überblick über die Welt der Einnahmen-Überschussrechnung, gespickt mit Tipps und Beispielen.

Erfahren Sie unter anderem,

- ✔ wer seinen Gewinn per Einnahmen-Überschussrechnung ermitteln darf,
- ✔ welche gesetzlichen Regelungen es dazu gibt,
- ✔ was alles in die Betriebseinnahmen hineingehört,
- ✔ wie Sie der Steuerprogression auch mit der Einnahmen-Überschussrechnung ein Schnippchen schlagen können.

Wie Sie dieses Buch verwenden

Ich unterstelle Ihnen an dieser Stelle einfach einmal ein gewisses Grundinteresse am Thema Einnahmen-Überschussrechnung.

Zudem gehe ich einmal davon aus, dass noch mindestens einer der folgenden Punkte auf Sie zutrifft.

- ✔ Die nächste Steuererklärung droht und Sie wollen es dieses Jahr endlich besser machen.
- ✔ Sie sind ein vielseitig interessierter Mensch, aber besagtes Thema gehört zu den wenigen Dingen, bei denen Sie bisher nur Bahnhof verstanden haben.
- ✔ Sie fanden, dass das Buch irgendwie nett aussieht.

Sie dürfen das, was auf Sie zutrifft, übrigens auch gerne ankreuzen – das Buch ist ja schließlich Ihr Eigentum.

Ab und zu werden Sie beim Lesen auf einen Kasten im laufenden Text stoßen. Diese Kästen enthalten entweder theoretische Hintergrundinformationen oder Anekdoten aus dem Steueralltag. Beide haben eines gemeinsam: Sie müssen sie nicht unbedingt lesen, um das Thema zu verstehen. Wenn es also mal schnell gehen muss, können Sie die Kästen ohne schlechtes Gewissen überspringen. Ich sage es auch niemandem weiter, versprochen!

Wie dieses Buch aufgebaut ist

Das Buch ist in fünf Teile gegliedert, die der Einfachheit halber fortlaufend nummeriert und inhaltlich zusammenhängend sind. Das Buch ist so aufgebaut, dass Sie es nicht zwingend wie einen Roman von vorne nach hinten durchlesen müssen, um alles zu verstehen. Wenn Sie es aber dennoch von vorne bis hinten durchlesen möchten, bin ich Ihnen auch nicht böse.

In den jeweiligen Teilen finden Sie folgende Inhalte:

Teil I: Rahmenbedingungen und das liebe Steuerrecht

Hier erfahren Sie, welche Unterlagen Sie wie lang aufheben müssen, was Sie wie aufzeichnen müssen und was Sie beim Umgang mit dem Finanzamt beachten müssen. Danach folgt ein Überblick darüber, wer alles die Einnahmen-Überschussrechnung anwenden darf. Der Teil endet mit einem Schnelldurchlauf durch die Umsatz-, Einkommen- und Gewerbesteuer.

Teil II: Betriebseinnahmen

Da lacht das Herz – für kurze Zeit: Sie dürfen die Betriebseinnahmen Schritt für Schritt im Formular EÜR erfassen. Danach erfahren Sie, wie Sie mit der privaten Nutzung, dem Verkauf und der Entnahme von Wirtschaftsgütern umgehen müssen.

Teil III: Betriebsausgaben

Der Hauptteil des Buchs. Jetzt geht es richtig zur Sache. Sie erfassen die Einkäufe als Betriebsausgaben, schreiben richtig ab, erfassen die Fahrzeugkosten und schauen sich Ihr Arbeitszimmer genauer an (bevor Sie sich jetzt in Ihrem Büro umsehen – steuerlich gesehen, natürlich!). Es folgen die beschränkt abziehbaren Betriebsausgaben, zum Beispiel die Bewirtungskosten. Zu guter Letzt erfahren Sie Nützliches über die Rücklagenbildung und die Investitionsabzugsbeträge.

Teil IV: Steuerspartipps und Wechselgründe

Wenn Ihr Unternehmen expandiert, kann es sein, dass Sie irgendwann zur doppelten Buchführung wechseln müssen. In diesem Teil erfahren Sie, was Sie dabei beachten müssen. Danach gibt es noch ein paar zusätzliche Steuertipps.

Teil V: Der Top-Ten-Teil

Hier gibt es Websites zum Thema EÜR und einen kleinen Ausschnitt aus der Welt der EÜR-Software.

Symbole, die in diesem Buch verwendet werden

Wenn einmal absolute Vorsicht geboten ist, warne ich Sie mit diesem Symbol vor.

Immer wenn Sie dieses Symbol entdecken, verbirgt sich dahinter ein nützlicher Tipp. Nur so als Tipp jetzt.

Damit Sie immer wissen, wo eventuell ein Fallstrick lauern könnte, habe ich mir dieses Symbol für Sie ausgedacht.

Teil I

Rahmenbedingungen und das liebe Steuerrecht

In diesem Teil ...

erfahren Sie zunächst einmal, welche Unterlagen Sie wie lange aufheben, was Sie wie aufzeichnen und was Sie beim Umgang mit dem Finanzamt beachten müssen.

Außerdem erläutere ich Ihnen, welche Berufsgruppen die Einnahmen-Überschussrechnung anwenden dürfen und welche Gewinnermittlungsarten es so gibt.

Zu guter Letzt erhalten Sie noch einen Überblick über die Umsatz-, Einkommen- und Gewerbesteuer.

Viel Spaß auf den kommenden Seiten!

Aufbewahrungspflichten und der Umgang mit dem Finanzamt

1

In diesem Kapitel

- ✔ Welche Unterlagen Sie wie lange aufheben müssen
- ✔ Die Aufzeichnungspflichten kennenlernen
- ✔ Verhaltensregeln beim Umgang mit dem Finanzamt

Als Selbstständiger müssen Sie bestimmte Unterlagen einige Jahre aufheben. So kann das Finanzamt später einmal notfalls nachprüfen, ob Sie Ihre Steuerbemessungsgrundlagen auch richtig ermittelt haben. Über diese Aufbewahrungspflichten hinaus gibt es auch noch einige Aufzeichnungspflichten, die sich aus dem Einkommen- und dem Umsatzsteuerrecht ergeben. Dieser Pflicht kommen Sie natürlich nur zu gerne nach, da diese die Voraussetzung für die eine oder andere steuerliche Vergünstigung bildet. In diesem Kapitel erfahren Sie nun, welche Unterlagen Sie wie lange aufheben müssen und welche Aufzeichnungspflichten es gibt. Darüber hinaus zeige ich Ihnen, wie Sie sich beim Umgang mit dem Finanzamt am besten verhalten sollten.

Archivieren: Die Aufbewahrungspflichten

Zuerst die gute Nachricht: Der Gesetzgeber schreibt Ihnen nicht genau vor, wie Sie Ihre Unterlagen aufbewahren müssen. Hauptsache, die Unterlagen sind geordnet und lesbar. Nun die schlechte Nachricht: Sie müssen Ihren Papierkram teilweise bis zu zehn Jahre lang aufheben. Hier die notwendigen Details für Sie.

Gesetzliche Grundlagen: Die Aufbewahrungspflichten werden im § 147 der Abgabenordnung, AO, geregelt. Die AO ist übrigens die Mutter aller Steuergesetze.

Zehn Jahre Aufbewahrungspflicht

Zehn Jahre aufbewahren müssen Sie folgende Unterlagen:

- Bücher, Buchungsbelege und Aufzeichnungen: Das sind zum Beispiel eingehende und ausgehende Rechnungen, Quittungen, Lieferscheine, Auftragszettel, Bankauszüge.
- Inventare: also Ihre Aufzeichnungen der Inventur
- Jahresabschlüsse, Lageberichte, die Eröffnungsbilanz
- Arbeitsanweisungen und sonstige Organisationsunterlagen
- Unterlagen zur Zollmeldung

Sie dürfen fast alle Unterlagen digital archivieren, nur nicht den Jahresabschluss, die Eröffnungsbilanz und die Unterlagen zur Zollmeldung, sofern Sie so etwas überhaupt haben sollten.

Sechs Jahre Aufbewahrungspflicht

Sechs Jahre dürfen Sie Folgendes nicht wegwerfen:

- Empfangene Handels- und Geschäftsbriefe und die Kopien versendeter Handels- und Geschäftsbriefe
- Sonstige Unterlagen, die für die Besteuerung von Bedeutung sind

Beginn und Ende der Aufbewahrungspflicht

Mit dem Läuten der Silvesterglocken am Ende des Kalenderjahres, in dem der Beleg entstanden oder eine Eintragung gemacht worden ist, beginnt die Aufbewahrungsfrist zu laufen. Sie endet dann nach sechs beziehungsweise zehn Jahren, wieder mit Ablauf des Kalenderjahres.

Für jede Buchung muss es einen Beleg geben. Haben Sie mal aus Versehen eine Quittung verloren, müssen Sie sich einen Ersatzbeleg besorgen. Nur im Ausnahmefall empfohlen: selbst erstellte Belege. Gehen Sie später beim Ausmisten von sechs oder zehn Jahre alten Unterlagen besser vorsichtig vor. Immerhin sind es Ihre Nachweise. Manche Unterlagen wie zum Beispiel geltende Verträge oder Grundbuchauszüge sollten Sie übrigens überhaupt nicht wegschmeißen.

Die lieben Aufzeichnungspflichten

Neben Ihrer Unterlagen- und Belegsammlung müssen Sie noch zusätzliche Aufzeichnungen machen.

- ✔ Für die Umsatzsteuer müssen Sie alle Einnahmen und Ausgaben aufzeichnen. Sie müssen diese nach den unterschiedlichen Umsatzsteuersätzen getrennt aufzeichnen, vorausgesetzt, Sie vereinnahmen Umsatzsteuer. Sollten Sie Waren importieren, müssen Sie diese und die dafür angefallene Einfuhrumsatzsteuer ebenfalls aufzeichnen.

Bareinnahmen müssen Sie nicht einzeln aufzeichnen. Hier genügt ein täglicher Kassensturz.

- Der Eigenverbrauch beziehungsweise Sachentnahmen müssen aufgezeichnet werden, damit stets ersichtlich ist, was Sie für Ihren Privatverbrauch entnommen haben. Ausnahmen bestätigen die Regel: Wenn es Pauschbeträge für Sachentnahmen gibt, können Sie auch einfach diese ansetzen und sich so die Aufzeichnungen sparen.

- Für Ihr abnutzbares Anlagevermögen müssen Sie eine Abschreibungsübersicht erstellen. Das gilt auch für die geringwertigen Wirtschaftsgüter und den gebildeten Sammelposten. Das Finanzamt stellt Ihnen hierfür netterweise ein Formular zur Verfügung, das Anlageverzeichnis. Wenn Sie bei diesen Wirtschaftsgütern eine Sonderabschreibung oder irgendeine andere höhere Abschreibung vornehmen, müssen Sie dies ebenfalls gesondert aufzeichnen. Sonst erkennt das Finanzamt die erhöhte Abschreibung nicht an!

  Betragen die Anschaffungs- oder Herstellungskosten nicht mehr als 410 Euro netto spricht man von *geringwertigen Wirtschaftsgütern*. Alternativ dazu können Sie alle Wirtschaftsgüter, die zwischen 150 und 1.000 Euro gekostet haben, auch in einem Sammelposten erfassen und über fünf Jahre abschreiben.

- Alle Wirtschaftsgüter Ihres Anlagevermögens, die Sie ins Betriebsvermögen aufgenommen haben, egal ob abnutzbar oder nicht, müssen Sie ebenfalls gesondert aufzeichnen. Notieren Sie dabei den Tag der Aufnahme ins Betriebsvermögen und den damaligen Wert. Damit es Ihnen nicht langweilig wird, dürfen Sie auch ein paar ausgewählte Wirtschaftsgüter des Umlaufvermögens aufzeichnen, zum Beispiel Anteile an Kapitalgesellschaften, Wertpapiere oder Gebäude des Umlaufvermögens. Vielleicht erübrigt sich dies bei Ihnen ja mangels entsprechenden Umlaufvermögens.

Anlagevermögen: Alles, was dem Geschäftsbetrieb mindestens ein Jahr lang dient. Umlaufvermögen: Dient Ihnen nur kurze Zeit und wird danach verbraucht oder verkauft.

- ✔ Ausgaben für Geschenke, Bewirtungen, das Arbeitszimmer und dessen Ausstattung sollten Sie ebenfalls gesondert aufzeichnen, wenn Sie diese als Betriebsausgaben geltend machen wollen.
- ✔ Beschäftigen Sie Mitarbeiter, müssen Sie für jeden Mitarbeiter ein gesondertes Lohnkonto führen.

Etikette: Der Umgang mit dem Finanzamt

Wenn Sie beim Umgang mit dem Finanzamt die folgenden Tipps beherzigen, sparen Sie viel Zeit und Geld und schonen nebenbei auch noch Ihre Nerven.

Nachdem Sie Ihre Steuererklärung abgegeben haben, flattert eines schönen Tages ein Steuerbescheid ins Haus. Sollten Sie damit überhaupt nicht einverstanden sein, haben Sie vier Wochen Zeit, dagegen einen Einspruch einzulegen.

Die Steuerschuld müssen Sie auch dann rechtzeitig bezahlen, wenn Sie einen Einspruch einlegen. Andernfalls drohen hohe Säumniszuschläge. Wenn Sie nicht bezahlen wollen, müssen Sie zusätzlich zum Einspruch auch die Aussetzung des Steuerbescheids beantragen.

Wenn der Steuerbescheid in Ordnung ist, Sie sich aber aufgrund schlecht laufender Geschäfte gerade am Rande der Zahlungsunfähigkeit bewegen, sollten Sie beim Finanzamt innerhalb einer Woche nach Erhalt des Steuerbescheids einen Zahlungsaufschub beantragen. So können Sie zumindest die Säumniszuschläge vermeiden.

Wer die Überschussrechnung anwenden darf

2

In diesem Kapitel

- Wer alles die Einnahmen-Überschussrechnung anwenden darf
- Was alles zum Betriebsvermögen zählt
- Welche Gewinnermittlungsarten es gibt
- Die Grundregeln der Einnahmen-Überschussrechnung

Erfahren Sie nun, welche Voraussetzungen erfüllt sein müssen, damit Sie Ihren Gewinn per Einnahmen-Überschussrechnung ermitteln dürfen. Und falls Sie diese nicht erfüllen? Dann müssen Sie den Gewinn wohl oder übel per Bestandsvergleich ermitteln. Was das bedeutet, erfahren Sie ebenfalls hier. Am Ende des Kapitels finden Sie dann noch die Grundregeln der Einnahmen-Überschussrechnung.

Wer die Überschussrechnung anwenden darf

Die Einnahmen-Überschussrechnung dürfen Sie anwenden, wenn Sie gesetzlich nicht zur Buchführung verpflichtet sind. Das sind in aller Regel:

- **Freiberufler** wie zum Beispiel Architekten, Ärzte, Autoren, Künstler, Dolmetscher, Übersetzer, Anwälte, Notare, Lotsen, Wirtschaftsprüfer, Steuerberater, vereidigte Buchprüfer, Unternehmensberater, Heilpraktiker, Dentisten, Krankengymnasten, Journalisten, IT-Administratoren,

IT-Projektleiter oder Ingenieure. Also alle, die einer künstlerischen, publizistischen, wissenschaftlichen, unterrichtenden oder erzieherischen Tätigkeit nachgehen.

- **Gewerbliche Unternehmer** und **Land- und Forstwirte**, die weniger als 500.000 Euro Umsatz und weniger als 50.000 Euro Gewinn pro Jahr haben. Bei den Land- und Forstwirten dürfen die land- und forstwirtschaftlichen Flächen nicht mehr als 25.000 Euro wert sein.

Wenn Sie sich ins Handelsregister eintragen lassen, werden Sie automatisch buchführungspflichtig!

Das Betriebsvermögen

Bevor Sie gleich einen Überblick über die verschiedenen Gewinnermittlungsarten bekommen, nun zur Frage, was alles zum Betriebsvermögen zählt und wie es zu bewerten ist. Die richtige Zuordnung kann Ihnen bei der Steuererklärung das Leben deutlich einfacher machen.

Grob gesagt gehört Ihr Eigentum zum Betriebsvermögen, sofern es für das Geschäft genutzt wird. Sollten Verbindlichkeiten im Zusammenhang mit dem Betrieb bestehen, zählen diese auch dazu.

Es genügt bereits, wenn Sie wirtschaftlicher Eigentümer einer Sache sind. Sie müssen nicht auch noch der rechtliche Eigentümer sein. In der Abgabenordnung finden Sie in § 39 die dazugehörige Regelung. Demnach genügt es, wenn Sie die tatsächliche Herrschaft über ein Wirtschaftsgut ausüben und der rechtliche Eigentümer während der gewöhnlichen

Nutzungsdauer von der Einwirkung auf das Wirtschaftsgut ausgeschlossen ist. Beim Leasing ist das oftmals der Fall.

Sie können Ihr gesamtes Vermögen aus steuerrechtlicher Sicht dreiteilen – auf dem Papier. Sie können es unterscheiden in:

- ✔ Privatvermögen,
- ✔ gewillkürtes Betriebsvermögen,
- ✔ notwendiges Betriebsvermögen.

Ihr Privatvermögen

Alle Wirtschaftsgüter, die zu mindestens 90 Prozent privaten Zwecken dienen, zählen zum Privatvermögen. Der Fernseher in Ihrem Wohnzimmer zum Beispiel. Andersherum gesagt: Liegt der Anteil der betrieblichen Nutzung unter 10 Prozent, muss das Wirtschaftsgut dem Privatvermögen zugeordnet werden.

Nutzen Sie private Wirtschaftsgüter auch betrieblich, können Sie die dabei entstehenden Ausgaben und Abschreibungen als Betriebsausgaben absetzen. Voraussetzung: Die betriebliche Nutzung ist nachprüfbar. Es ist bei der Geltendmachung von Betriebsausgaben also egal, ob das genutzte Wirtschaftsgut zum Privat- oder Betriebsvermögen gehört. Erst wenn Sie das Wirtschaftsgut verkaufen, spielt das wieder eine Rolle. Veräußerungsgewinne aus dem Verkauf von Betriebsvermögen müssen versteuert werden.

Das gewillkürte Betriebsvermögen

Liegt der Anteil der betrieblichen Nutzung zwischen 10 und 50 Prozent, können Sie wählen, ob Sie das Wirtschaftsgut dem Privat- oder dem Betriebsvermögen zuordnen wollen. Haben Sie sich für eine Zuordnung zum Betriebsvermögen entschieden, spricht man vom gewillkürten Betriebsvermögen. Durch die Aufnahme eines Wirtschaftsguts in das Anlagenverzeichnis wird es dem Betriebsvermögen zugeordnet.

Das notwendige Betriebsvermögen

Liegt die betriebliche Nutzung über 50 Prozent, muss das Wirtschaftsgut dem Betriebsvermögen zugeordnet werden. Hier spricht man vom notwendigen Betriebsvermögen.

Die unterschiedlichen Gewinnermittlungsarten

Ein Blick über den Tellerrand ist meist lohnend. Dabei lernen Sie die attraktiven oder weniger attraktiven Alternativen zur Einnahmen-Überschussrechnung kennen. Vorab für Sie alle Gewinnermittlungsarten im Überblick:

- ✔ Die Einnahmen-Überschussrechnung nach § 4 Abs. 3 EStG
- ✔ Die Gewinnermittlung nach § 13a EStG
- ✔ Die Gewinnermittlung per Bestandsvergleich

Gewinnermittlung per Bestandsvergleich

Nach dem Einkommensteuergesetz, kurz EStG, gibt es zwei Möglichkeiten der Gewinnermittlung per Bestandsvergleich. Einmal die softe Art nach § 4 Abs. 1 EStG und für Vollkaufleute die Variante nach § 5 EStG mit Bilanz.

Nach § 4 Abs. 1 EStG dürfen ihren Gewinn ermitteln:

- ✔ Land- und Forstwirte, die zur Buchführung verpflichtet sind
- ✔ Freiberufler, die freiwillig Buch führen
- ✔ Kleingewerbler, die nicht gesetzlich zur Buchführung verpflichtet sind

Der Gewinnbegriff in § 4 Abs. 1 EStG

Der Gewinn ergibt sich aus dem Vergleich des Betriebsvermögens jeweils zu Jahresende. Wenn Sie im Vorjahr ein Betriebsvermögen in Höhe von 120.000 Euro hatten und es nach einem Jahr auf 150.000 Euro angewachsen ist, haben Sie 30.000 Euro Gewinn erzielt.

Alles, was Sie im Laufe des Jahres aus dem Betrieb entnehmen, egal ob Barentnahmen, Waren, Nutzungen oder Leistungen, stellen Entnahmen dar und müssen am Jahresende zum Betriebsvermögen gewinnerhöhend hinzugezählt werden. Getätigte Einlagen vermindern dagegen den Gewinn.

Nach § 5 EStG müssen alle Kaufleute und andere Gewerbetreibende ihren Gewinn ermitteln, wenn sie zur doppelten Buchführung verpflichtet sind oder freiwillig Buch führen.

Zur doppelten Buchführung und Bilanzierung werden Sie verpflichtet, wenn Sie kein Freiberufler sind oder als Gewerbetreibender die Umsatzgrenze von 500.000 Euro überschreiten oder mehr als 50.000 Euro Gewinn pro Jahr haben.

Für die zur Buchführung Verdammten wird es hier also ein wenig ernster. Schlagworte wie »handelsrechtliche Grundsätze ordnungsgemäßer Buchführung« und die Beachtung steuerrechtlicher Wahlrechte lassen durchaus den Schluss zu, dass hier Schluss mit lustig ist. Sollten Sie zu diesem Personenkreis gehören, sollten Sie sich mein Buch »Buchführung und Bilanzierung für Dummies« unters Kopfkissen legen oder sich einen guten Steuerberater suchen.

Die Gewinnermittlung nach § 13a EStG

Sollten Sie in der Land- oder Forstwirtschaft Ihr Glück suchen, können Sie Ihren Gewinn auch nach Durchschnittsätzen ermitteln, sofern Sie die Bedingungen des § 13a des Einkommensteuergesetzes erfüllen. Diese Regelung soll kleinere Betriebe unterstützen; der tatsächlich erzielte Gewinn spielt keine Rolle. Stattdessen wird einfach ein pauschaler Gewinn je Hektar unterstellt. Nur Pachteinnahmen oder -ausgaben müssen noch gesondert berücksichtigt werden.

Die Grundregeln der Einnahmen-Überschussrechnung

Die Einnahmen-Überschussrechnung besteht aus drei übersichtlichen Teilen:

- ✔ Betriebseinnahmen
- ✔ Betriebsausgaben
- ✔ Ermittlung des Gewinns

Eine Einnahme oder Ausgabe entsteht immer dann, wenn Sie Ihren Geldbeutel zücken oder auf Ihrem Girokonto eine Geldbewegung stattfindet. Es kommt also auf den Zu- oder Abfluss von Geld an.

In Deutschland muss für die Einnahmen-Überschussrechnung das amtliche Formular EÜR für die Überschussrechnung verwendet werden. EÜR steht, Sie ahnen es vielleicht bereits, für Einnahmen-Überschussrechnung. Ausnahme: Kleinunternehmer mit einem Umsatz von weniger als 17.500 Euro pro Jahr müssen den Vordruck nicht verwenden. Hier genügt ein formloses Schmierblatt. Sie können den Vordruck aber trotzdem freiwillig verwenden.

Istrechnung: Das Zu- und Abflussprinzip

Betriebseinnahmen und Betriebsausgaben dürfen Sie immer nur dann erfassen, wenn Geld geflossen ist. Wenn Sie am 10. Dezember 2010 eine Rechnung stellen und der Kunde das Geld erst Ende Januar 2011 überweist, gehört die Betriebseinnahme ins Jahr 2011. Bei Betriebsausgaben verhält es sich genauso.

Es gibt jedoch ein paar Ausnahmen vom Istprinzip. Die Wichtigsten hier im Überblick:

- ✔ **Regelmäßig wiederkehrende Zahlungen** müssen Sie dem Jahr zuordnen, in dem die Leistung erbracht wurde. Einzige Bedingung: Die Zahlung erfolgt maximal binnen zehn Tage vor oder nach dem Jahreswechsel. Wenn Sie zum Beispiel immer am 27. jeden Monats die Pacht für den Folgemonat überweisen müssen, stellt die Überweisung vom 27. Dezember eine Betriebsausgabe des Folgejahrs dar.

- **Ausgaben für abnutzbare Wirtschaftsgüter des Anlagevermögens** dürfen Sie nicht sofort voll als Betriebsausgabe erfassen, sofern die Anschaffungskosten 150 Euro beziehungsweise 410 Euro übersteigen. Sie müssen die Anschaffungskosten dann über mehrere Jahre verteilen, sprich abschreiben.

Alle wichtigen Informationen zur Abschreibung von Anlagevermögen und geringwertigen Wirtschaftsgütern finden Sie in Kapitel 8.

- **Nicht abnutzbare Wirtschaftsgüter des Anlagevermögens**, zum Beispiel Grundstücke, werden erst beim Ausscheiden aus dem Betriebsvermögen als Betriebsausgabe oder Betriebseinnahme erfasst, indem der ehemalige Kaufpreis mit dem Verkaufserlös verrechnet wird.
- Weitere Ausnahmen gibt es beispielsweise bei Verlusten durch Diebstahl oder Sach- und Nutzungsentnahmen. Hier entstehen ohne Geldfluss Betriebsausgaben und -einnahmen.

Tendenz steigend – die Umsatzsteuer

3

In diesem Kapitel

- ✔ Wer sich von der Umsatzsteuer befreien lassen kann
- ✔ Was Sie über die Umsatzsteuer wissen müssen
- ✔ Die unterschiedlichen Umsatzsteuersätze beachten

Erfahren Sie nun, ob Sie sich die Arbeit mit der Umsatzsteuer sparen können oder nicht.

Mehrwert geschaffen: Umsatzsteuer

Bei jedem Einkauf im Supermarkt wird sie fällig: die Umsatzsteuer. Diese Steuer müssen Sie aber nicht selbst an den Fiskus abführen. Der Supermarkt übernimmt das für Sie.

Die in der Ausgangsrechnung erhobene Steuer wird als Umsatzsteuer bezeichnet. Bei Eingangsrechnungen wird die darin enthaltene Umsatzsteuer als Vorsteuer bezeichnet. Der Volksmund nennt es Mehrwertsteuer.

Für das Unternehmen, das die Rechnung ausstellt, handelt es sich um *vereinnahmte Umsatzsteuer*, für das zahlende Unternehmen um *bezahlte Vorsteuer*, sofern es sich bei beiden um umsatzsteuerpflichtige Unternehmen handelt.

Unternehmer ist jeder Freiberufler oder Gewerbetreibender.

Befreit: Kleinunternehmerregelungen

Als Kleinunternehmer können Sie sich die Arbeit mit der Umsatzsteuer sparen, sofern Sie eine bestimmte Umsatzsteuergrenze nicht überschreiten. Dann können Sie sich auf Antrag von der Umsatzsteuerpflicht befreien lassen. Der Vorjahresumsatz darf nicht über 17.500 Euro und der Umsatz des laufenden Jahres voraussichtlich nicht über 50.000 Euro liegen.

Einmal gewählt, haben Sie sich für die nächsten fünf Jahre festgelegt.

Die Konsequenzen Ihrer Befreiung:

- ✔ Sie dürfen auf Ihren Rechnungen keine Umsatzsteuer ausweisen.
- ✔ Eingangsrechnungen erfassen Sie immer mit dem ausgewiesenen Bruttobetrag als Betriebsausgabe. Bezahlte Umsatzsteuer können Sie so also trotzdem von der Steuer absetzen.
- ✔ Sie müssen keine Umsatzsteuer-Voranmeldung abgeben.

Umsatzsteuerpflichtige Einnahmen und Ausgaben

Wenn Sie nicht von der Umsatzsteuerpflicht befreit sind, sollten Sie wissen, wann wie viel Umsatzsteuer anfällt. Die Voraussetzung für umsatzsteuerpflichtige Umsätze: Es muss einen Umsatz geben, der auf einem Leistungsaustausch basiert. Mit anderen Worten: Sie haben eine Dienstleistung erbracht oder Ware geliefert und stellen dies dem Kunden in Rechnung.

Innerbetriebliche Leistungen sind nicht umsatzsteuerpflichtig! Wenn Sie neben Ihrem Café auf der anderen Straßenseite auch noch eine Buchhandlung mit Caféecke betreiben und die Cappuccinos und Co. von Ihrem Café geliefert werden, handelt es sich hierbei um einen nicht steuerbaren Innenumsatz. Umsatzsteuer fällt nicht an.

Aktuell gelten bei uns in Deutschland folgende Steuersätze:

- ✔ 19 Prozent Umsatzsteuer sind die Regel.
- ✔ Ermäßigte 7 Prozent Umsatzsteuer gelten zum Beispiel für Lebensmittel und Bücher, Zeitungen und Zeitschriften und zur Belustigung des Volkes für Zirkusvorstellungen und Hotelübernachtungen.
- ✔ Alle im § 4 des Umsatzsteuergesetzes UStG gelisteten Sachverhalte sind von der Umsatzsteuer befreit. So zum Beispiel die Vermietung von Wohnungen, Verpachtungen, ärztliche Behandlungen oder Lieferungen ins Ausland.

Die neueste Entwicklung der Steuersätze können Sie im Internet hier verfolgen: `http://www.bundesrecht.juris.de`.

Eigenverbrauch ist umsatzsteuerpflichtig

Überlegen Sie es sich bitte sehr gut, ob Sie ein Wirtschaftsgut dem Betriebsvermögen zuordnen oder nicht. Haben Sie beispielsweise Ihr Fahrzeug dem Betriebsvermögen zugeordnet, indem Sie beim Kauf die gezahlte Vorsteuer geltend gemacht haben, fällt später für alle Privatfahrten Umsatzsteuer an. Dasselbe gilt natürlich auch bei der Nutzung des betrieblichen Telefons oder PCs.

Vorsteuerpauschalen nutzen

Als Einnahme-Überschussrechner sollten Sie es sich gut überlegen, ob Sie bei jeder Eingangsrechnung die Vorsteuer einzeln geltend machen wollen oder die Vorsteuerpauschale nutzen wollen. Die Vorsteuerpauschale dürfen Sie nutzen, wenn Sie nicht mehr als 61.356 Euro Umsatz pro Jahr haben und einer der in § 70 UStDV, das ist die Umsatzsteuer-Durchführungsverordnung, genannten Berufsgruppen angehören. Dort ist auch geregelt, wie viel Prozent Ihres Umsatzes Sie pauschal als Vorsteuer geltend machen dürfen. Da dort über 50 verschiedene Fälle aufgeführt sind, kann ich Ihnen hier die Fälle leider nicht vollständig auflisten. Stattdessen gibt es einen Internetlink zur Liste und ein paar Beispiele, damit Sie einen Eindruck von der Pauschale bekommen.

Der Link: `http://www.bundesrecht.juris.de`

Ein paar Beispiele: Ein Fahrradhändler kann 12,2 Prozent des Umsatzes als Vorsteuer geltend machen, ein Gemüsehändler 6,4 Prozent, ein Schneider 6,0 Prozent, ein Grafiker 5,2 Prozent, ein Journalist 4,8 Prozent, ein Schriftsteller 2,6 Prozent und ein Architekt 1,9 Prozent.

Dazu ein kleines Zahlenbeispiel: Ein Journalist hat 60.000 Euro eingenommen; nun er kann wählen, ob er die tatsächlich gezahlte Vorsteuer geltend macht oder die Pauschale nutzt.

4,8 Prozent Vorsteuerpauschale aus 60.000 Euro ergibt 2.880 Euro. Der Journalist hatte kaum Betriebsausgaben:

- ✔ 1.000 Euro für Bücher, Zeitungen und Zeitschriften: Ergibt 70 Euro Vorsteuer.
- ✔ 10.000 Euro Betriebsausgaben mit dem normalen Steuersatz in Höhe von 19 Prozent: Ergibt 1.900 Euro Vorsteuer.

Die Nutzung der Vorsteuerpauschale wäre in diesem Beispiel also vorteilhafter, da er so 2.880 Euro anstatt 1.970 Euro geltend machen könnte.

Die Nutzung der Vorsteuerpauschale entbindet Sie nicht von den Aufbewahrungs- und Aufzeichnungspflichten. Bewahren Sie also trotzdem bitte jede Rechnung auf und kommen Sie den Aufzeichnungspflichten nach, damit Ihre Betriebsausgaben anerkannt werden.

Die Umsatzsteuer-Voranmeldung

Falls Sie nicht von der Umsatzsteuerpflicht befreit sind, müssen Sie abhängig vom Umsatz monatliche, quartalsweise oder jährliche Umsatzsteuererklärungen beim Finanzamt abgeben und Vorauszahlungen leisten.

In den ersten beiden Jahren ab Unternehmensgründung müssen Sie unabhängig vom Umsatz immer eine monatliche Voranmeldung abgeben.

Bei einer Umsatzsteuer-Zahllast von mehr als 7.500 Euro dürfen Sie jeden Monat eine Umsatzsteuer-Voranmeldung abgeben. Bei einer Umsatzsteuer-Zahllast zwischen 1.000 und 7.500 Euro reicht eine quartalsweise Voranmeldung aus. Bei einer Zahllast von weniger als 1.000 Euro brauchen Sie gar keine Voranmeldung abgeben, es genügt die Umsatzsteuer-Jahreserklärung.

So eine Umsatzsteuer-Voranmeldung ist eine ziemlich ernste Sache, da Sie innerhalb von zehn Tagen nach Ende des Voranmeldungszeitraums die Voranmeldung elektronisch per ELSTER einreichen müssen und die Umsatzsteuer bezahlen müssen. Der Fiskus ist in dieser Frage recht humorlos veranlagt.

ELSTER heißt »Elektronische Steuererklärung«. Wie die Übermittlung im Detail funktioniert, ist auf `www.elster.de` beschrieben.

Die Höhe Ihrer Zahlungen richtet sich nach der in Rechnung gestellten Umsatzsteuer; egal ob Sie einen Zahlungseingang hatten oder nicht. Man spricht hier von der sogenannten *Sollbesteuerung*. Sollte Ihre Kundschaft beim Bezahlen eher zögerlich sein, sollten Sie sich von der Sollbesteuerung befreien lassen.

Sie können sich von der Sollbesteuerung befreien lassen, wenn Sie als Gewerbetreibender eine bestimmte Umsatzgrenze nicht überschreiten, derzeit sind das 250.000 Euro pro Jahr, oder wenn Sie Freiberufler sind. Nach Genehmigung des Antrags müssen Sie nur noch die tatsächlich vereinnahmte Umsatzsteuer abführen.

Am Ende des Jahres geben Sie eine Umsatzsteuer-Jahreserklärung ab. Dann werden die Vorauszahlungen mit Ihrer tatsächlichen Zahllast verglichen und Sie müssen entweder noch nachzahlen oder erhalten eine Rückzahlung.

Richtig planen: Die Einkommensteuer und die Gewerbesteuer

4

In diesem Kapitel

- Wie die Einkommensteuer funktioniert
- Was die Progression für Sie bedeutet
- Wissenswertes zur Gewerbesteuer

Hier erfahren Sie, ab wann Sie einkommensteuerpflichtig werden, wie Sie Ihre Einkommensteuer-Vorauszahlungen auf eine angemessene Höhe begrenzen können und wann Gewerbesteuer anfällt.

Für fast alle: Die Einkommensteuer

Sofern Sie in Deutschland wohnen oder sich länger als sechs Monate in Deutschland aufhalten, unterliegen Ihre Einkünfte der Einkommensteuer. Dabei ist es völlig egal, wo auf der Welt diese Einkünfte entstanden sind. Das bedeutet, dass Sie nicht nur Ihre inländischen, sondern auch Ihre im Ausland erzielten Einkünfte hier versteuern müssen. Auch wenn Sie zum Beispiel glücklicher Besitzer einer Ferienwohnung an der Côte d'Azur sind, müssen Sie die Mieteinnahmen versteuern. Dasselbe gilt auch für im Ausland erzielte Zinseinkünfte, wie Sie sicherlich der Presse entnehmen konnten.

Jedes Jahr bis spätestens zum 31. Mai müssen Sie eine Einkommensteuererklärung für das vergangene Jahr abgeben. Wenn Sie aus beruflichen oder privaten

Gründen den Termin nicht einhalten können, sollten Sie dies dem Finanzamt schriftlich mitteilen und um eine Fristverlängerung bis zum 30. September bitten. Dies wird in aller Regel gewährt.

Festgesetzt: Die Vorauszahlungen

Da der Fiskus nicht ein ganzes Jahr auf Ihre Steuerzahlung warten will, setzt er quartalsweise Vorauszahlungen fest. Diese orientieren sich an den von Ihnen bei der Betriebseröffnung gemachten Angaben beziehungsweise an den Gewinnen der letzten Jahre.

Wenn Ihr Unternehmen einen Gewinneinbruch erleidet oder die festgelegte Vorauszahlung Ihrer Meinung nach viel zu hoch ist, können Sie einen Antrag auf Reduzierung stellen.

Versuchen Sie nicht, eine unangemessen niedrige Vorauszahlung durchsetzen zu wollen. Dann begehen Sie möglicherweise Steuerhinterziehung!

Progressiv: Der Einkommensteuertarif

Wenn Sie durch geschicktes Timing Einnahmen ins richtige Jahr verschieben, können Sie den einen oder anderen Euro bei der Einkommensteuer sparen. Der Grund dafür ist der sogenannte progressive Einkommensteuertarif. Grob gesagt wird nicht jeder verdiente Euro gleich versteuert. Die prozentuale Steuerbelastung wächst mit steigendem Einkommen. Das ist die Steuerprogression.

Bei Ledigen sind derzeit die ersten 8.354 Euro des Einkommens komplett steuerfrei. Bei Verheirateten ist es das Doppelte: 16.708 Euro. Das ist der sogenannte Grundfreibetrag, der das Existenzminimum sichern soll. Danach geht es mit einem Eingangssteuersatz von 14 Prozent los. Der Steuersatz steigt dann bis 42 Prozent an. Dieser Satz wird bei einem Einkommen von 52.882 Euro beziehungsweise bei Verheirateten bei 105.764 Euro fällig. Nun folgt eine Zone ohne weitere Steigerung. Egal ob Sie als Single 52.882 Euro oder 230.000 Euro verdienen: Es bleibt bei 42 Prozent. Erst ab 250.401 Euro beziehungsweise 500.802 Euro steigt der Steuersatz noch einmal, auf dann 45 Prozent.

Wenn Sie Teile des Einkommens gerade nicht privat benötigen und Ihr Einkommen so hoch ist, dass es mit mehr als 28,25 Prozent versteuert wird, sollten Sie dieses lieber im Unternehmen belassen. Als Selbstständiger können Sie dann beim Finanzamt einen Antrag auf Steuerermäßigung für nicht entnommene Gewinne stellen. Der Steuersatz beträgt hierfür 28,25 Prozent.

Die Auswirkungen des progressiven Tarifs

Als Lediger zahlen Sie bei einem Einkommen von 8.354 Euro also keine Einkommensteuer. Stellen Sie sich nun vor, Sie hätten noch einen kleinen Auftrag reinbekommen, der Ihnen ein weiteres zu versteuerndes Einkommen von 65 Euro beschert. Diese 65 Euro müssen Sie nun mit 14 Prozent versteuern, es werden also etwa 9 Euro Einkommensteuer fällig.

Diese neun Euro beziehungsweise 14 Prozent stellen den sogenannten Grenzsteuersatz dar. Ihr Durchschnittssteuersatz ist dagegen wesentlich niedriger.

Stellen Sie sich nun einmal vor, Ihr Einkommen würde jedes Jahr stark schwanken. Im ersten Jahr verdienen Sie 25.000 Euro, im zweiten Jahr 8.000 Euro und im dritten Jahr 75.000 Euro. Die Tabelle 4.1 zeigt Ihnen, was Sie für diese drei Jahre an Einkommensteuer zahlen müssen.

Jahr	Zu versteuerndes Einkommen	Einkommensteuer (gerundet)	Durchschnittssteuersatz
Jahr 1	25.000 €	4.100 €	16,4 %
Jahr 2	8.000 €	0 €	0,0 %
Jahr 2	75.000 €	23.300 €	31,1 %
Summe	108.000 €	27.400 €	

Tabelle 4.1: Einkommensteuer bei stark schwankendem Einkommen

Stellen Sie sich nun vor, Sie könnten die Schwankungen beseitigen und jedes Jahr dasselbe Einkommen versteuern. In Tabelle 4.2 sehen Sie die Auswirkungen.

Jahr	Zu versteuerndes Einkommen	Einkommensteuer (gerundet)	Durchschnittssteuersatz
Jahr 1	36.000 €	7.600 €	21,1 %
Jahr 2	36.000 €	7.600 €	21,1 %
Jahr 2	36.000 €	7.600 €	21,1 %
Summe	108.000 €	22.800 €	

Tabelle 4.2: Einkommensteuer bei gleichbleibendem Einkommen

Wenn das Einkommen nicht schwankt, zahlen Sie für ein und dasselbe Einkommen über die drei Jahre glatt 4.600 Euro weniger Einkommensteuer. Gehen Sie der Steuerprogression also wann immer möglich aus dem Weg, indem Sie Ihr Einkommen so gut es geht glätten.

Sollten Sie einmal einen Verlust erzielen, wird dieser vom Finanzamt mit dem Vorjahresgewinn verrechnet: Das ist ein Verlustrücktrag. Auf Antrag können Sie aber auch nur eine Verrechnung mit den Folgejahren erwirken; das bezeichnet man als Verlustvortrag.

Kommunal: Die Gewerbesteuer

Für Freiberufler und Land- und Forstwirte ist die Gewerbesteuer kein Thema. Gewerbetreibende dagegen müssen auch Gewerbesteuer bezahlen. Besonders beliebt ist die Gewerbesteuer weder bei den Gewerbetreibenden noch bei den Kommunen, da sie gewinnabhängig schwankt. Die Kommunen würden sich über eine verlässlichere Einnahmequelle sicherlich nicht beklagen. Da die Gewerbesteuer bei Drucklegung noch nicht abgeschafft wurde und auch keine Aussicht darauf besteht, hier für Sie die wichtigsten Eckpunkte nun in aller Kürze.

Berechnungsbasis für die Gewerbesteuer ist der erzielte Gewinn. Zu dem erzielten Gewinn müssen Sie Ihre Finanzierungsaufwendungen hinzurechnen, sofern diese über 100.000 Euro betragen. Wenn Sie zum Beispiel im letzten Jahr einen Gewinn von 40.000 Euro erzielt haben und an Ihre Bank für einen Kredit 5.000 Euro Zinsen bezahlt haben, bewegen Sie sich innerhalb des Freibetrags von derzeit 100.000 Euro für Finanzierungsaufwendungen. Glück gehabt. Vom Gewinn abziehen dürfen Sie dagegen 1,2 Prozent vom Wert Ihres Grundbesitzes, Vorjahresverluste und einen generellen Freibetrag von derzeit 24.500 Euro. Der verbleibende Betrag von beispielsweise 30.000 Euro wird nun mit 3,5 Prozent multipliziert und bildet die Basis für die Gewerbesteuer der Kommune Ihrer Wahl.

Wenn die Kommune einen Hebesatz von 300 Prozent verlangt, müssten Sie 3.150 Euro Gewerbesteuer bezahlen: $30.000 \times 3{,}5\,\% \times 3 = 3.150$.

Selbstredend werden wie bei der Einkommensteuer auch bei der Gewerbesteuer Vorauszahlungen festgelegt.

Teil II

Betriebseinnahmen

In diesem Teil …

erfahren Sie, wie Sie Ihre Betriebseinnahmen schrittweise erfassen – mit oder ohne Umsatzsteuer. Danach erkläre ich Ihnen, wie Sie private Nutzungsanteile als Betriebseinnahmen erfassen und wie Entnahmen oder der Verkauf von Betriebsvermögen gehandhabt werden.

Los geht's!

Betriebseinnahmen mit und ohne Umsatzsteuer 5

In diesem Kapitel

- ✔ Die Stammdaten im Formular EÜR eintragen
- ✔ Wie Sie die Betriebseinnahmen erfassen
- ✔ Wo die Umsatzsteuer hingehört

Bis zu einem Umsatz von 17.500 Euro müssen Sie das amtliche Formular EÜR nicht verwenden. Trotzdem empfehle ich Ihnen auch in diesem Fall die Verwendung des Formulars, damit Sie das Rad nicht neu erfinden müssen.

Die Stammdaten eintragen

Zuerst müssen Sie Ihre Stammdaten, also Ihren Namen, die Steuernummer und die Art des Betriebs, in das Formular EÜR eintragen. Oben im Formular finden Sie ein Feld, das von Ihnen die Zuordnung zur Einkunftsart verlangt. Das Finanzamt erwartet hier von Ihnen eine Zahl zwischen 1 und 3. Gewerbetreibende müssen die 2 eintragen, Freiberufler die 3.

Die üblichen Betriebseinnahmen

Zu den Betriebseinnahmen zählt alles, was Sie durch Verkäufe und Dienstleistungen eingenommen haben.

Auch Privatentnahmen und der Verkauf von Betriebsvermögen zählen zu den Betriebseinnahmen. Diese werden in Kapitel 6 gesondert behandelt.

Hier für Sie die üblichen Betriebseinnahmen im Detail:

- **Anzahlungen:** Der Kunde leistet eine Anzahlung. Erhaltene Vorschüsse und Abschlagszahlungen sind ebenfalls Betriebseinnahmen.
- **Erhaltene Abfindungen:** zum Beispiel für die Räumung eines Büros oder einer Praxis
- **Zurückerstattete Betriebssteuern:** zum Beispiel erstattete Vorsteuer
- **Erträge aus Beteiligungen an anderen Unternehmen**, sofern die Beteiligung zum Betriebsvermögen gehört
- **Entschädigungen** wie zum Beispiel die Versicherungszahlung beim Diebstahl des Firmen-Pkw
- **Honorare** wie zum Beispiel Arzt- oder Autorenhonorare. Maßgeblich ist der tatsächliche Zufluss, unabhängig davon, ob später einmal davon wieder Anteile, aus welchen Gründen auch immer, zurückbezahlt werden müssen.
- **Provisionseinnahmen:** Versicherungsvertreter stellen einen Sonderfall dar. Wird eine Provision zuerst auf ein Kautionskonto der Versicherung gutgeschrieben, ist das bereits eine Betriebseinnahme, obwohl noch gar kein Geldzufluss stattgefunden hat.
- **Die Praxisgebühr** ist tatsächlich kein durchlaufender Posten, sondern eine Betriebseinnahme.
- **Erhaltene Schadensersatzzahlungen**
- **Schenkungen** müssen Sie als Betriebseinnahme erfassen, sofern sie nicht dem privaten Umfeld zurechenbar sind.

- ✔ **Sachleistungen** in Form von Waren oder Dienstleistungen wie zum Beispiel die Überlassung eines Pkw oder das Erlassen von Mietzahlung für Ihre Büroräume, da Sie den Vermieter beraten haben.
- ✔ **Vereinnahmte Umsatzsteuer**
- ✔ **Zinseinkünfte**
- ✔ **Zuschüsse der öffentlichen Hand** wie zum Beispiel Beihilfen oder Prämien, sofern diese nicht von der Einkommensteuer explizit befreit sind

Keine Betriebseinnahmen sind dagegen:

- ✔ **Durchlaufende Posten**, mit einer Ausnahme: Die Umsatzsteuer zählt zu den Betriebseinnahmen, da Sie diese auf eigene Rechnung vereinnahmen und mit der gezahlten Vorsteuer verrechnen. Ein durchlaufender Posten ist dagegen stets gewinnneutral. Sie erhalten von einer Person eine Zahlung, die Sie an Dritte durchreichen müssen.
- ✔ **Erbschaften, Schenkungen und Wertsteigerungen** aus Ihrem privaten Umfeld
- ✔ **Darlehen:** Wenn Sie einen Kredit aufnehmen, ist die Auszahlung des Kredits keine Betriebseinnahme. Die spätere Darlehenstilgung ist dann auch keine Betriebsausgabe

Betriebseinnahmen bei Kleinunternehmern

Wenn Sie von der Umsatzsteuerpflicht auf Antrag befreit wurden, da Sie weniger als 17.500 Euro Umsatz pro Jahr haben, tragen Sie im Formular EÜR in der Zeile »Betriebseinnahmen als umsatzsteuerlicher Kleinunternehmer« Ihre gesamten Betriebseinnahmen ein. Im Jahr 2014 befindet sich dieses Feld im Formular in Zeile 11.

In Zeile 12 sollen Sie zu statistischen Zwecken die in Ihren Betriebseinnahmen enthaltenen Umsatzanteile gemäß § 19 Abs. 3 Nr. 1 und 2 UStG eintragen. Das sind im Wesentlichen Umsätze aus Grundstücksverkäufen und aus Kredit- und Finanzgeschäften, also umsatzsteuerfreie Geschäfte.

In die Zeile »Betriebseinnahmen als Land- und Forstwirte soweit Durchschnittssatzbesteuerung nach § 24 UStG angewandt wird« müssen nur Land- und Forstwirte, die ihre Umsatzsteuer nach Durchschnittssätzen ermitteln, ihre Betriebseinnahmen eintragen.

Umsatzsteuerpflichtige Betriebseinnahmen eintragen

Für alle Umsatzsteuerpflichtigen wird es ab jetzt spannend. In die Zeile »Umsatzsteuerpflichtige Betriebseinnahmen« müssen Sie Ihre umsatzsteuerpflichtigen Betriebseinnahmen eintragen. Und zwar netto, ohne Umsatzsteuer. Die vereinnahmte Umsatzsteuer dürfen Sie etwas weiter unten, in die Zeile »Vereinnahmte Umsatzsteuer sowie Umsatzsteuer auf unentgeltliche Wertabgaben«, eintragen.

Umsatzsteuer kann auch auf unentgeltliche Wertabgaben anfallen. Zum Beispiel bei der privaten Nutzung des Firmen-Pkw. Hierfür muss ebenfalls Umsatzsteuer abgeführt werden, die Sie hier angeben müssen.

Ein kleines Zahlenbeispiel

Der Standardfall: Eine Künstlerin verkauft zwei Kunstwerke zu je 50.000 Euro netto. Die 100.000 Euro landen in der Zeile der umsatzsteuerpflichtigen Betriebseinnahmen. Die dafür vereinnahmte Umsatzsteuer von sieben Prozent, also 7.000 Euro, gehört in die Zeile der vereinnahmten Umsatzsteuer.

Umsatzsteuerfreie Betriebseinnahmen eintragen

Neben den umsatzsteuerpflichtigen Betriebseinnahmen kann es dann und wann auch umsatzsteuerfreie Betriebseinnahmen geben. Diese dürfen Sie in die Zeile »Umsatzsteuerfreie, nicht umsatzsteuerbare Betriebseinnahmen sowie Betriebseinnahmen, für die der Leistungsempfänger die Umsatzsteuer nach § 13b UStG schuldet« eintragen. Das können zum Beispiel erhaltene staatliche Zuschüsse und vereinnahmte Zinsen sein. Die vereinnahmten Zinsen, sprich Kapitalerträge, dürfen Sie in der darauf folgenden Zeile »davon Kapitalerträge« nochmals gesondert eintragen.

Sonderfall: Der Leistungsempfänger ist der Steuerschuldner

Es gibt ein paar Sonderfälle, bei denen nicht der Leistungsersteller, sondern der Leistungsempfänger die Umsatzsteuer an das Finanzamt abführen muss. So zum Beispiel bei Werklieferungen, die der Änderung von Bauwerken dienen. In einem solchen Fall muss der Leistungsersteller in seiner Rechnung auf die Umkehrung der Steuerschuld extra hinweisen. Der § 13b des Umsatzsteuergesetzes regelt diese Sonderfälle. Sollten Sie Betriebseinnahmen nach § 13b erzielt haben, müssen Sie diese somit in die Zeile der umsatzsteuerfreien Betriebseinnahmen eintragen.

Erstattete Umsatzsteuer

In die Zeile »Vom Finanzamt erstattete und ggf. verrechnete Umsatzsteuer«, derzeit ist das die Zeile 17, müssen Sie die vom Finanzamt erstattete Umsatzsteuer eintragen. Wenn Sie mehr Vorsteuer bezahlt als Umsatzsteuer vereinnahmt haben, erstattet Ihnen das Finanzamt die Differenz. Diese müssen Sie hier als Betriebseinnahme erfassen.

Dazu wieder ein Zahlenbeispiel: Sie waren im letzten Jahr kräftig auf Einkaufstour. Insgesamt haben Sie 8.000 Euro Vorsteuer bezahlt. Auf der Verkaufsseite lief es dagegen nicht so rund. Die daraus vereinnahmte Umsatzsteuer beträgt lediglich 5.000 Euro. Das Finanzamt lindert Ihren Schmerz mit der Erstattung der Differenz in Höhe von 3.000 Euro. Zügeln Sie Ihre Freude darüber aber, denn diese 3.000 Euro erhöhen leider Ihre Einkommensteuerzahlung als Betriebseinnahme.

Betriebseinnahmen entstehen auch durch den Verkauf oder die Entnahme von Anlagevermögen und durch private Entnahmen. Was Sie hierbei alles beachten müssen, erfahren Sie in Kapitel 6.

Private Nutzung und die Entnahme von Anlagevermögen

6

In diesem Kapitel

- ✔ Anlagevermögen entnehmen oder verkaufen
- ✔ Im Fokus: Die private Kfz-Nutzung
- ✔ Private Nutzungsanteile bei den Betriebseinnahmen erfassen

Jetzt wird es etwas kniffeliger. Zur Überraschung mancher Mitmenschen zählt auch die private Nutzung oder die Entnahme von betrieblichem Vermögen zu den Betriebseinnahmen. Wenn Sie aus Ihrem Unternehmen Waren für private Zwecke entnehmen, ist das eine Betriebseinnahme, für die Sie in aller Regel auch Umsatzsteuer zahlen müssen. Dasselbe gilt bei der privaten Nutzung von Betriebsvermögen oder bei der Entnahme oder Verkauf von Anlagevermögen.

Warum das so ist? Ganz einfach: Der Gewinn ist nach § 4 EStG die Differenz zwischen Ihrem Betriebsvermögen am Schluss des aktuellen Jahres und dem im letzten Jahr festgestellten Betriebsvermögen – das Ganze vermehrt um Entnahmen und vermindert um die Einlagen. Zu den Entnahmen zählen:

- ✔ Barentnahmen
- ✔ Waren
- ✔ Nutzungen
- ✔ Leistungen

die Sie Ihrem Unternehmen für betriebsfremde Zwecke entnommen haben.

Was Sie bei diesem Thema alles beachten müssen und wie Sie dabei am sinnvollsten verfahren, erfahren Sie hier.

Die Veräußerung oder Entnahme von Anlagevermögen

Unabhängig davon, ob Sie Anlagevermögen verkaufen oder für private Zwecke aus dem Betriebsvermögen entnehmen: Es entstehen immer Betriebseinnahmen. Anlagevermögen ist jedoch nicht gleich Anlagevermögen. Abnutzbares Anlagevermögen wird anders behandelt als nicht abnutzbares Anlagevermögen.

Wissenswertes über das Anlagevermögen

Zum Anlagevermögen zählt alles, was dem Unternehmen langfristig dient. Zum Anlagevermögen gehören:

- **Immaterielle Vermögensgegenstände**, zum Beispiel teure Software
- **Sachanlagen** wie etwa der Firmen-Pkw oder das eigene Bürogebäude
- **Finanzanlagen** wie zum Beispiel strategische Beteiligungen an anderen Unternehmen

Das Anlagevermögen wird in zwei Arten aufgeteilt:

- **Nicht abnutzbares Anlagevermögen**

  Ist das Wirtschaftsgut unbegrenzt nutzbar, handelt es sich um ein nicht abnutzbares Gut. Zu den nicht abnutzbaren Gütern zählen Grundstücke, Aktien, Beteiligungen oder Kunstgegenstände.

✔ **Abnutzbares Anlagevermögen**

Ist die Nutzungsdauer zeitlich begrenzt, handelt es sich um ein abnutzbares Gut. Zu den abnutzbaren Gegenständen zählen Immobilien, Fahrzeuge, Inneneinrichtungen, Maschinen, Computer, Software.

Abnutzbare Anlagegüter verlieren durch ihre Nutzung oder einfach nur durch Alterung an Wert. Diesen Wertverlust erfassen Sie, indem Sie das Anlagegut abschreiben. Dazu später mehr bei den Betriebsausgaben.

Entnahme oder Verkauf von abnutzbaren Anlagevermögen

Wenn Sie ein abnutzbares Wirtschaftsgut, zum Beispiel einen Firmen-Pkw, aus dem Betriebsvermögen entnehmen, indem Sie es verkaufen oder in Ihr Privatvermögen überführen, entstehen umsatzsteuerpflichtige Betriebseinnahmen.

Versilbert: Verkauf von abnutzbaren Anlagevermögen

Sie verkaufen Ihren in die Jahre gekommenen Firmen-Pkw für 7.000 Euro netto. Dieser Betrag landet als Betriebseinnahme im Formular EÜR in der Zeile »Veräußerung oder Entnahme von Anlagevermögen«, die darauf anfallende Umsatzsteuer in der Zeile der vereinnahmten Umsatzsteuer.

Den Restbuchwert des verkauften Anlagevermögens, also der bis dahin noch nicht abgeschriebene Teil der Anschaffungskosten, dürfen Sie als Betriebsausgabe absetzen. Unterm Strich müssen Sie also nur die Differenz zwischen Verkaufspreis und Restbuchwert versteuern. Wie das genau funktioniert, erfahren Sie im Kapitel 8.

Bitte nicht übertreiben!

Wie es der Zufall so will, benötigt Ihr Schwager just in dem Moment dringend ein Auto, als Sie sowieso Ihren Firmenwagen verkaufen wollen. Da der Schwager Ihnen zuletzt beim Einbau der neuen Küche geholfen hat, wollen Sie nicht so sein und verkaufen den Wagen zum Freundschaftspreis von 500 Euro. So soll der Fiskus den Verkauf auch noch mitfinanzieren. Immerhin erzielen Sie so ja einen Verlust von 4.500 Euro, da der Wagen noch einen Restbuchwert von 5.000 Euro hat.

Leider wird der Fiskus so etwas ohne weitere Begründung kaum akzeptieren, da der Verkaufspreis einem Fremdvergleich standhalten muss. Wenn Sie den Wagen in etwa zum Restbuchwert von 5.000 Euro verkaufen, dürfte das weniger Probleme mit dem Finanzamt mit sich bringen.

Privatisiert: Entnahme von abnutzbaren Anlagevermögen

Sie entnehmen ein abnutzbares Wirtschaftsgut, zum Beispiel einen Laptop, aus dem Betriebsvermögen. Diesen Laptop schenken Sie Ihrer Tochter zum Studienbeginn. Hierfür müssen Sie nun die Höhe der Betriebseinnahmen ermitteln. Anstelle des in diesem Fall nicht vorhandenen Verkaufserlöses müssen Sie jetzt den sogenannten Teilwert als fiktive Betriebseinnahme ansetzen. Der Teilwert ist in aller Regel nichts anderes als der geschätzte Marktwert.

Wenn Sie nicht von der Umsatzsteuerpflicht befreit sind und beim Kauf des Wirtschaftsguts Vorsteuer angefallen ist, müssen Sie bei der Entnahme auf den Teilwert auch Umsatzsteuer abführen. Ein kleiner Trost: Den Restbuchwert des entnommenen Wirtschaftsguts dürfen Sie als Betriebsausgabe angeben. Ausnahmen bestätigen jedoch auch hier die Regel: Stammt das Wirtschaftsgut aus dem Sammelposten für geringwertige Wirtschaftsgüter, dürfen Sie hierfür keine Betriebsausgaben bei der Entnahme geltend machen; der Sammelposten bleibt unverändert.

Entnahme oder Verkauf von nicht abnutzbaren Anlagevermögen

Wenn Sie nicht abnutzbare Wirtschaftsgüter kaufen, entstehen keine Betriebsausgaben. Genauso wie bei den abnutzbaren Wirtschaftsgütern des Anlagevermögens dürfen Sie ja den Kaufpreis nicht als Betriebsausgabe geltend machen. Und Abschreibungen gibt es bei nicht abnutzbaren Wirtschaftsgütern des Anlagevermögens keine, sodass hier erst einmal keine Betriebsausgaben anfallen.

Der Verkauf von nicht abnutzbarem Anlagevermögen

Wenn Sie nicht abnutzbares Anlagevermögen verkaufen, wie zum Beispiel ein Grundstück, müssen Sie den Verkaufspreis bei den Betriebseinnahmen angeben. Zugleich dürfen Sie den damaligen Kaufpreis jetzt bei den Betriebsausgaben angeben. Steuerlich wirksam wird damit nur die Differenz zwischen ehemaligem Kaufpreis und jetzigem Verkaufspreis.

Die Entnahme von nicht abnutzbarem Anlagevermögen

Wenn Sie ein nicht abnutzbares Anlagegut aus dem Betriebsvermögen entnehmen, müssen Sie den Teilwert, also den geschätzten Marktwert, als Betriebseinnahme angeben. Den ehemaligen Kaufpreis dürfen Sie als Betriebsausgabe ansetzen.

Die Private Pkw-Nutzung

Aus der privaten Nutzung des Firmenwagens entstehen Betriebseinnahmen. Sie können den privaten Nutzungsanteil entweder pauschal mit der sogenannten Ein-Prozent-Regel ermitteln oder akribisch ein Fahrtenbuch führen. Das Ergebnis dürfen Sie anschließend im Formular EÜR in die Zeile »Private Kfz-Nutzung« eintragen.

Den privaten Nutzungsanteil dürfen Sie nur dann mit der pauschalen Ein-Prozent-Regel ermitteln, wenn der Firmenwagen zum notwendigen Betriebsvermögen gehört, die betriebliche Nutzung also mehr als 50 Prozent beträgt.

Die Ermittlung per pauschaler Ein-Prozent-Regel

Der Bruttolistenpreis des Firmenwagens ist immer die Ausgangsbasis, nicht der von Ihnen tatsächlich gezahlte Preis. Dazu benötigen Sie nur noch die Anzahl der Monate, die Sie den Wagen pro Jahr privat genutzt haben.

Bei einem Bruttolistenpreis von 10.000 Euro und ganzjähriger privater Nutzung beträgt die einzutragende Nutzung bei den Betriebseinnahmen 12 Monate × 1 % von 10.000 = 1.200 Euro.

Aufgepasst bei der Umsatzsteuer: Bei der pauschalen Ein-Prozent-Regel unterliegen nur 80 Prozent der Privatentnahme der Umsatzsteuer.

Die Bemessungsgrundlage für die Umsatzsteuer beträgt 80 Prozent aus 1.200 Euro: Das ergibt 960 Euro. Daraus die derzeitigen 19 Prozent Umsatzsteuer macht 182,40 Euro.

In die Zeile »Private Kfz-Nutzung« tragen Sie im Beispiel 1.200 Euro und in die Zeile der vereinnahmten Umsatzsteuer 182,40 Euro ein.

Selbst wenn Sie den Firmenwagen gebraucht erworben haben, müssen Sie bei der Ein-Prozent-Regel trotzdem den Bruttolistenpreis verwenden. Der private Nutzungsanteil wird so natürlich zu Ihren Ungunsten viel zu hoch ausgewiesen. Dasselbe ist bei bereits abgeschriebenen Firmenfahrzeugen der Fall; auch hier ist die Ein-Prozent-Regel nachteilig. Meine Empfehlung: Führen Sie lieber ein Fahrtenbuch. Am Jahresende können Sie dann immer noch zwischen beiden Methoden die günstigere auswählen.

Die Ermittlung per Fahrtenbuch

Wenn Sie zur Ermittlung der privaten Nutzungsanteile ein Fahrtenbuch führen, ermitteln Sie damit die prozentuale Verteilung zwischen der privaten und geschäftlichen Nutzung.

Fahrtenbücher finden Sie im gut sortierten Schreibwarenhandel. Pflichtangaben sind das Datum, Grund der Fahrt, die Kilometerstände zu Beginn und am Ende jeder Fahrt und die Adresse des Zielortes inklusive Name der besuchten Person oder Einrichtung.

Die Gesamtausgaben für das Fahrzeug müssen Sie ja sowieso bereits für die Betriebsausgaben ermitteln. Wenn Sie im letzten Jahr zum Beispiel 2.000 Euro Betriebsausgaben für den Firmenwagen hatten und der private Nutzungsanteil 20 Prozent betrug, dürfen Sie 400 Euro als Betriebseinnahmen in der Zeile der privaten Kfz-Nutzung eintragen.

Aufgepasst bei der Umsatzsteuer: Sie mussten nicht für alle Betriebsausgaben Vorsteuer bezahlen. Für die Kfz-Steuer und -Versicherung ist keine Vorsteuer angefallen. Darum fällt hier für den privaten Nutzungsanteil auch keine Umsatzsteuer an.

Sonstige Entnahmen und private Nutzungen

Unter die sonstigen Entnahmen und privaten Nutzungen fallen der privat mitgenutzte Telefonanschluss, Warenentnahmen oder die Nutzung betrieblicher Leistungen.

Nach Hause telefonieren

Wenn Sie Ihren Telefonanschluss privat und geschäftlich nutzen, dürfen Sie die gesamten Telefonkosten als Betriebsausgaben angeben. Soweit die gute Nachricht. Nun zur weniger guten Nachricht: Bei den Betriebseinnahmen müssen Sie den privaten Anteil als Einnahme angeben.

Den Anteil der privaten Nutzung des Telefonanschlusses dürfen Sie schätzen.

Keine Strichliste nötig: Pauschbeträge für Warenentnahmen

Wenn Sie immer wieder Waren aus Ihrem Unternehmen entnehmen, als Bäcker zum Beispiel Brötchen für das Frühstück oder als Gemüsehändler Äpfel für den privaten Eigenverbrauch, wird die Einzelaufzeichnung zur Erfassung der Entnahmen ziemlich mühselig. Der Fiskus ist hier gnädig und verzichtet auf detaillierte Aufzeichnungen. Stattdessen gibt er jährlich eine Liste der »Pauschbeträge für unentgeltliche Wertabgaben (Sachentnahmen)« heraus. Diese können Sie dann als private Entnahmen und damit als Betriebseinnahmen angeben.

Die jährlich vom Finanzministerium aktualisierten Pauschbeträge finden Sie im Internet auf der Seite `www.bundesfinanzministerium.de`.

Die Pauschbeträge verstehen sich pro Person, für Kinder von zwei bis zwölf Jahren müssen Sie den halben Wert ansetzen. Individuelle Auf- oder Abschläge sind nicht möglich, egal welch schlimme oder phantasievolle Geschichte Sie auch immer durchlebt haben sollten. Für das Jahr 2014 gelten beispielsweise folgende Pauschbeträge je Erwachsenen:

- ✔ **Bäckerei:** 1.573 Euro, davon 1.176 Euro mit 7 Prozent Umsatzsteuer und 397 Euro mit dem vollen Umsatzsteuersatz von derzeit 19 Prozent
- ✔ **Café und Konditorei:** 1.772 Euro, davon 1.137 Euro mit 7 Prozent Umsatzsteuer und 635 Euro mit dem vollen Umsatzsteuersatz von derzeit 19 Prozent

- **Gemüsehandel:** 503 Euro, davon 291 Euro mit 7 Prozent Umsatzsteuer und 212 Euro mit dem vollen Umsatzsteuersatz von derzeit 19 Prozent

Private Leistungsbeziehungen

Zu den Entnahmen zählt auch die private Inanspruchnahme von Leistungen. Dazu ein Beispiel: Sie besitzen ein Café und feiern demnächst einen runden Geburtstag. Auf der Party soll ein Angestellter für das leibliche Wohl der Gäste sorgen. Der Angestellte arbeitet auf Ihrer Party acht Stunden, Sie zahlen 20 Euro die Stunde. Somit müssen Sie 160 Euro als Betriebseinnahme erfassen, zuzüglich Umsatzsteuer.

Und noch ein Beispiel: Sie stellen in einer Ecke Ihrer Lagerhalle Ihre private Oldtimersammlung unter. Die privat genutzte Fläche müssen Sie als Betriebseinnahme erfassen. Wenn Sie also zehn Prozent der Fläche privat nutzen, müssten Sie zehn Prozent der gezahlten Lagermiete als Betriebseinnahme erfassen.

Teil III

Betriebsausgaben und Gewinnermittlung

In diesem Teil ...

erfahren Sie, wie Sie Ihre Betriebsausgaben schrittweise erfassen, zum Beispiel eingekaufte Waren oder in Anspruch genommene Dienstleistungen. Danach sehen Sie, wie das mit den Abschreibungen funktioniert und was Sie bei den Fahrzeugkosten und beim Arbeitszimmer alles beachten müssen. Gezahlte Schuldzinsen, Reisen und Bewirtungskosten können auch betrieblich verursacht sein und gehören dann in die Einnahmen-Überschussrechnung. Last but not least erfahren Sie in diesem Teil auch, ob sich für Sie Ansparabschreibungen und Rücklagen lohnen und wie Sie Ihren Gewinn ermitteln.

Wareneinkäufe erfassen und Pauschalen ausnutzen 7

In diesem Kapitel

- ✔ Pauschalen geschickt ausnutzen
- ✔ Erfassen von eingekaufter Ware und in Anspruch genommenen Dienstleistungen
- ✔ Ausgaben für Personal erfassen

Jetzt geht es an die Erfassung Ihrer Betriebsausgaben. Damit Sie auch ja nichts vergessen, gibt es vier ganze Kapitel für die Betriebsausgaben. Dieses Kapitel eröffnet den Reigen der Betriebsausgaben mit den Pauschalen für bestimmte Berufsgruppen, der Erfassung von Personalausgaben, Wareneinkäufen und in Anspruch genommenen Dienstleistungen.

Betriebsausgabenpauschalen für bestimmte Gruppen

Bestimmten Berufsgruppen dürfen anstelle der tatsächlich angefallenen Betriebsausgaben eine Betriebsausgabenpauschale ansetzen und müssen so nicht in mühsamer Kleinarbeit die Betriebsausgaben ermitteln.

Ich empfehle Ihnen dringend, immer zuerst Ihre tatsächlichen Betriebsausgaben zu ermitteln. Scheuen Sie bitte nicht den Aufwand! Sollten diese Ausgaben niedriger als die mögliche Pauschale sein, hatten Sie zwar unnötigen Aufwand. Sie haben dann aber stets die Gewissheit, nichts verschenkt zu haben.

Die Zeile »Betriebsausgabenpauschale für bestimmte Berufsgruppen und/oder Freibetrag nach § 3 Nr. 26 und 26a EStG« ist als freiwillige Option gedacht für:

- ✔ hauptberufliche Schriftsteller
- ✔ hauptberufliche Journalisten
- ✔ Tagesmütter
- ✔ wissenschaftliche Nebentätigkeit
- ✔ künstlerische Nebentätigkeit
- ✔ schriftstellerische Nebentätigkeit
- ✔ nebenamtliche Lehr- und Prüfungstätigkeit

Daneben gibt es Freibeträge für bestimmte nebenberufliche Tätigkeiten nach § 3 Nr. 26 EStG.

Wenn Sie dieses Wahlrecht in Anspruch nehmen wollen, müssen Sie im Formular EÜR gleich zu Beginn der Betriebsausgaben in der bereits genannten Zeile »Betriebsausgabenpauschale für bestimmte Berufsgruppen …« den von Ihnen ermittelten Pauschbetrag eintragen. Für die einzelnen Berufsgruppen gelten unterschiedliche Pauschbeträge.

Hauptberufliche Schriftsteller und Journalisten

Hauptberufliche Schriftsteller und Journalisten können 30 Prozent ihrer Betriebseinnahmen, maximal jedoch 2.455 Euro, als pauschale Betriebsausgaben angeben. Hat ein Schriftsteller zum Beispiel einen Bestseller gelandet und damit unglaublich hohe Einnahmen von 6.000 Euro erzielt, kann er hier 30 Prozent, sprich 1.800 Euro, als Betriebsausgaben eintragen. Diese Zeile hat jedoch zwei Haken:

- ✔ Sie dürfen 30 Prozent der Betriebseinnahmen, maximal jedoch 2.455 Euro eintragen.
- ✔ Weitere Betriebsausgaben dürfen dann nicht mehr geltend gemacht werden.

Zu den Betriebseinnahmen zählt auch die vereinnahmte Umsatzsteuer, sofern Sie umsatzsteuerpflichtig sind. Diese also bei der Berechnung der Betriebsausgabenpauschale nicht vergessen, da sie die Pauschale erhöht!

Wenn Sie die Betriebsausgabenpauschale in Anspruch nehmen, dürfen Sie auch die gezahlte Vorsteuer nicht mehr gesondert als Betriebsausgabe angeben.

Pauschbeträge für Tagesmütter

Seit einigen Jahren dürfen auch Tagesmütter eine Betriebsausgabenpauschale verwenden.

Im Schreiben des Bundesministeriums der Finanzen vom 20. Mai 2009 ist von Tagespflegepersonal in freiberuflicher Tätigkeit die Rede. Gemeint sind damit Tagesmütter.

Anstelle der tatsächlichen Betriebsausgaben können freiberuflich tätige Tagesmütter je betreutes Kind monatlich 300 Euro pauschal als Betriebsausgabe veranschlagen. Das macht pro betreutes Kind im Jahr stolze 3.600 Euro.

Bevor bei Ihnen jetzt die Blütenträume sprießen, noch eine kleine Einschränkung: Die Pauschale gilt nur, wenn die wöchentliche Betreuungszeit 40 Stunden beträgt. Bei einer geringeren Betreuungszeit müssen Sie die Pauschale anteilig reduzieren.

Auch wenn Sie 41 oder mehr Stunden die Woche tätig sind: Es bleibt bei maximal 300 Euro Betriebsausgabenpauschale je Kind. Und: Die Betriebsausgabenpauschale darf Ihre Betriebseinnahmen nicht übersteigen!

Auch für Tagesmütter gilt: Machen Sie sich bitte die Mühe und ermitteln Sie ab und an Ihre tatsächlichen Betriebsausgaben, damit Sie nicht unnötig Geld verschenken.

Nebentätigkeiten

Bei einer wissenschaftlichen, künstlerischen oder schriftstellerischen Nebentätigkeit sowie bei nebenamtlicher Lehr- und Prüfungstätigkeit schrumpft der pauschale Satz auf 25 Prozent der Betriebseinnahmen und wird bereits bei 614 Euro gedeckelt. Auch diese sind schnell überschritten.

Der erste Haken: Wenn Sie aus einer künstlerischen Nebentätigkeit beispielsweise 3.000 Euro Einnahmen erzielen, dürfen Sie nicht 25 Prozent, also 750 Euro, als Betriebsausgaben angeben, sondern lediglich den Maximalbetrag von 614 Euro.

Der zweite Haken: Haben Sie beispielsweise ein kleines Atelier angemietet und zahlen hierfür monatlich 100 Euro Miete, überschreiten Ihre tatsächlichen Betriebsausgaben alleine für das Atelier spielend die Pauschale.

Zu den Betriebseinnahmen zählt auch bei einer Nebentätigkeit die vereinnahmte Umsatzsteuer, sofern Sie umsatzsteuerpflichtig sind. Diese bei der Berechnung der Betriebsausgabenpauschale also keinesfalls vergessen

Wenn Sie vielseitig veranlagt sind und mehrere Nebentätigkeiten gleichzeitig ausüben, dürfen Sie dennoch nur einmal 614 Euro als Betriebsausgabenpauschale ansetzen.

Der Übungsleiterfreibetrag

Für Nebentätigkeiten nach § 3 Nr. 26 EStG gibt es den sogenannten Übungsleiterfreibetrag. Übungsleiter in Sportvereinen, Ausbilder, Erzieher, Betreuer, Pfleger oder ähnlich nebenberuflich Tätige können den sogenannten Übungsleiterfreibetrag von derzeit 2.100 Euro eintragen. Damit sollen Einnahmen aus derartigen Tätigkeiten weitgehend von der Steuer verschont bleiben. Wer aus einer solchen Nebentätigkeit mehr als 2.100 Euro verdient hat, kann weitere Betriebsausgaben in den nachfolgenden Zeilen geltend machen, sofern diese die 2.100 Euro übersteigen.

Dazu ein kleines Beispiel: Herr Lehmann trainiert in seiner Freizeit die C-Jugend des örtlichen Fußballvereins. Dafür erhält er pro Jahr 2.500 Euro. In die Zeile für die Betriebsausgabenpauschale für bestimmte Berufsgruppen trägt er den Freibetrag von 2.100 Euro ein. Bleiben noch 400 Euro, die er als Einkommen versteuern müsste. Da er für die Trainingstätigkeit aber Ausgaben von 2.500 Euro nachweisen kann, trägt er den die 2.100 Euro übersteigenden Teil in eine der nächsten Zeilen ein. Bei Herrn Lehmann sind dies ausschließlich Fahrtkosten. Also trägt er in der Zeile für Fahrtkosten 400 Euro für die Fahrten zwischen seinem Haus und dem Sportplatz ein. Damit der Finanzbeamte das auch nachvollziehen kann, legt er ein Blatt mit der zugrunde liegenden Berechnung bei.

Pauschale für Gärtner und Forstwirte

Auch bei den Betriebsausgaben gibt es für die Berufsgruppe der Forstwirte Pauschbeträge. Sie können die Anwendung der Pauschbeträge beim zuständigen Finanzamt beantragen. Bei Betriebseinnahmen aus der Holznutzung dürfen Sie dann pauschal 65 Prozent Ihrer Betriebseinnahmen als Betriebsausgaben ansetzen. Wenn Sie das Holz auf dem Stamm verkaufen, dürfen Sie nur 40 Prozent veranschlagen.

Alle Gärtner können ebenfalls eine Betriebsausgabenpauschale ansetzen. Bei Freilandgärtnern sind es 40 bis 50 Prozent der Einnahmen, bei den Gewächshausgärtnern etwas mehr: 50 bis 60 Prozent.

Die Abschreibungen auf Anlagegüter dürfen Sie bei Anwendung der Pauschale oben drauf auch noch als Betriebsausgaben in den Zeilen für die Absetzung für Abnutzung angeben.

Waren, Rohstoffe und Hilfsstoffe inklusive Nebenkosten

Wenn Sie im letzten Jahr Waren, Rohstoffe oder Hilfsstoffe für Ihr Unternehmen eingekauft haben, dürfen Sie die Ausgaben in die Zeile »Waren, Rohstoffe und Hilfsstoffe einschließlich der Nebenkosten« eintragen.

Sofern Sie umsatzsteuerpflichtig sind, tragen Sie hier natürlich nur die Nettowerte ohne gezahlte Vorsteuer ein. Wenn Sie von der Umsatzsteuer befreit sind, tragen Sie hier die gezahlten Bruttobeträge, also inklusive der Vorsteuer, ein.

Abschlagszahlungen leisten

Wenn Sie auf Ihren Wareneinkauf eine Abschlagszahlung leisten müssen, ist das bereits eine Betriebsausgabe. Sie ordern beispielsweise am 15. Dezember Waren im Wert von 10.000 Euro. Der Lieferant verlangt von Ihnen vor Lieferung bereits eine sofort zahlbare Abschlagszahlung über 500 Euro. Sie bezahlen diese 500 Euro am 18. Dezember. Am 15. Januar erfolgt dann die Warenlieferung und Sie bezahlen den Restbetrag über 9.500 Euro.

In diesem Beispiel gehört die Abschlagszahlung zu den Betriebsausgaben des alten Jahres, die Restzahlung bei Warenlieferung zu den Betriebsausgaben des neuen Jahres.

Ratenzahlung vereinbart

Bei Ratenzahlungen gilt dasselbe wie bei Abschlagszahlungen. Haben Sie beim Kauf von Waren, Roh- oder Hilfsstoffen eine Ratenzahlung vereinbart, stellen die einzelnen Ratenzahlungen die Betriebsausgaben dar. Dazu ein Beispiel: Sie kaufen im September Handelsware im Wert von 6.000 Euro ein und vereinbaren mit dem Verkäufer eine Ratenzahlung über sechs Monate. Die erste Rate wird am 15. September fällig, die letzte Rate am 15. Februar des darauf folgenden Jahres. Im Jahr des Einkaufs können Sie für die Handelsware somit 4.000 Euro Betriebsausgaben geltend machen. Die restlichen 2.000 Euro können Sie dagegen erst im Folgejahr als Betriebsausgaben angeben.

Reich beschenkt

Aus einem für Sie völlig unerfindlichen Grund findet der Lieferant Sie unheimlich sympathisch und schenkt Ihnen einfach eine Lieferung Handelsware. Ihre Freude darüber währt aber nur kurz, da Sie recht bald über die steuerrechtlichen Konsequenzen dieser Schenkung nachgrübeln müssen.

Keine Sorge, die Schenkung stürzt Sie nicht ins Unglück. Sie müssen die Ware zwar in Höhe des Marktwertes als Betriebseinnahme erfassen, dürfen im Gegenzug aber den Restbuchwert als Betriebsausgabe erfassen. Gewinnbringend und damit steuerlich relevant ist somit nur die Differenz aus dem Marktwert und dem Restbuchwert.

Bitte vergessen Sie niemals die Anschaffungsnebenkosten bei der Erfassung Ihrer Betriebsausgaben. Wenn Sie für eine Lieferung Versandkosten bezahlen mussten, gehören diese ebenfalls zu den Betriebsausgaben.

Bezogene Leistungen

In der Zeile »Bezogene Fremdleistungen« tragen Sie die Ausgaben für von Dritten erbrachte Dienstleistungen ein. Was heißt das konkret? Wenn Sie sich zum Beispiel eines Tages nicht mehr selbst um das Marketing kümmern wollen und damit eine Werbeagentur beauftragen, können Sie die Ausgaben hierfür in die Zeile für die bezogenen Leistungen eintragen.

Wenn Sie eine Vorauszahlung an einen Dienstleister leisten müssen, ist dies bereits eine Betriebsausgabe.

Ausgaben für eigenes Personal

Sollten Sie Mitarbeiter beschäftigen, können Sie die Betriebsausgaben für Gehälter, Löhne und Versicherungsbeiträge in die Zeile »Ausgaben für eigenes Personal (zum Beispiel Gehälter, Löhne und Versicherungsbeiträge)« eintragen. Also alle Entgeltaufwendungen inklusive aller gezahlten Nebenkosten wie zum Beispiel die Arbeitgeberanteile an den Sozialversicherungen.

Da das Leben bekanntlich kein Ponyhof ist, kann es auch vorkommen, dass Sie einen oder mehrere Mitarbeiter entlassen müssen. Wenn Sie den ausscheidenden Mitarbeitern eine Abfindung bezahlen, ist das eine Betriebsausgabe, die Sie als Ausgabe für Personal angeben.

Familienbetriebe

In manchen Betrieben arbeitet die halbe Sippschaft mit. Falls dies bei Ihnen auch so ist, sollten Sie Ihren Familienmitgliedern und Anverwandten nicht nur ein dankbares Lächeln schenken, sondern Sie auch entlohnen.

Damit das Finanzamt ein betriebliches Arbeitsverhältnis zwischen Ihnen und Ihrem Ehepartner, Kindern oder Verwandten anerkennt und damit auch die hierfür geltend gemachten Betriebsausgaben akzeptiert, sollten Sie folgende Punkte beachten:

- ✔ **Schriftlicher Arbeitsvertrag:** Nehmen Sie sich die Zeit und erstellen Sie einen Arbeitsvertrag, den beiden Parteien mit Tinte unterzeichnen.

- **Aufgabenbeschreibung:** Neben dem Arbeitsvertrag kann eine schriftliche Aufgabenbeschreibung nicht schaden. Achten Sie dabei darauf, dass darin keine Aufgaben enthalten sind, die unternehmerische Entscheidungen beinhalten. Dann wird das Angestelltenverhältnis nicht mehr akzeptiert.
- **Entgeltzahlung:** Wenn Sie das Arbeitsentgelt regelmäßig auf das Konto des Familienmitglieds überweisen, können Sie dem Finanzamt notfalls zweifelsfrei die Zahlungen nachweisen
- **Angemessene Bezahlung:** Erliegen Sie nicht der Versuchung, Ihren Familienmitgliedern astronomische Gehälter zu bezahlen. Dies wird das Finanzamt nicht anerkennen. Die gezahlten Entgelte müssen schon branchenüblich und der ausgeübten Tätigkeit angemessen sein. Also am besten an den Tarifentgelten orientieren.
- **Sozialversicherung und Lohnsteuer:** Führen Sie eventuell anfallende Sozialversicherungsbeiträge und Lohnsteuer ab.

Abschreibungen, Fahrzeugkosten und Arbeitszimmer

8

In diesem Kapitel

- Die beste Abschreibungsmethode wählen
- Sonderabschreibungsmöglichkeiten ausnutzen
- Fahrzeugkosten richtig angeben
- Wissenswertes über Raumkosten

Herzlich willkommen der Welt der Abschreibungen. Hier erfahren Sie, welche Abschreibungsmethoden Sie anwenden dürfen und was es mit den geringwertigen Wirtschaftsgütern, kurz GWG, auf sich hat. Der Hochspannung nicht genug, finden Sie in diesem Kapitel auch noch alles über die Fahrzeug- und Raumkosten.

Abgeschrieben: Die Absetzung für Abnutzung

In den Zeilen zur Absetzung für Abnutzung tragen Sie die Abschreibungen auf abnutzbare Wirtschaftsgüter des Anlagevermögens ein.

Die Anschaffungskosten für Anlagevermögen dürfen nicht sofort als Betriebsausgabe eingetragen werden. Abnutzbare Wirtschaftsgüter des Anlagevermögens müssen abgeschrieben werden. Erst diese Abschreibungsbeträge – auf Steuerdeutsch Absetzungen für Abnutzung, kurz AfA – dürfen Sie hier als Betriebsausgabe eingetragen. Zum Anlagevermögen zählt übrigens alles, was dem Betrieb dauerhaft dient, also mindestens ein Jahr.

Damit Sie ein abnutzbares Wirtschaftsgut abschreiben können, benötigen Sie ein paar Informationen:

- **Anschaffungs- oder Herstellungskosten:** Sie bilden das Abschreibungsvolumen.
- **Nutzungsdauer:** Ergibt die Abschreibungsdauer.
- **Die erlaubte und gewählte Abschreibungsmethode**

Diese drei Informationen bilden die Grundlage Ihres Abschreibungsplans. Im Jahr der Anschaffung oder Herstellung tragen Sie dort je Wirtschaftsgut diese Informationen ein.

Das Einkommensteuergesetz verpflichtet Sie, ein Verzeichnis über Ihr Anlagevermögen zu führen. Das Bundesfinanzministerium stellt freundlicherweise ein Musterverzeichnis auf der Internetseite `www.bundesfinanzministerium.de` zur Verfügung. Dieses sollten Sie, müssen es aber nicht verwenden. In Ihrem eigenen Interesse sollten Sie aber stets eine Übersicht des gesamten Anlagevermögens führen. Hier sollte jedes Wirtschaftsgut mit dem Tag der Anschaffung, dem Anschaffungspreis, der Nutzungsdauer, der Abschreibungsmethode und dem jeweiligen aktuellen Restbuchtwert gelistet sein.

Anschaffungs- und Herstellungskosten

Das Anlagevermögen wird mit den Anschaffungskosten zuzüglich der Anschaffungsnebenkosten bewertet. Bei selbst produziertem Anlagevermögen nehmen Sie stattdessen einfach die Herstellungskosten.

Gekauft: Die Anschaffungskosten

Die Anschaffungskosten setzen sich aus dem Kaufpreis abzüglich aller Preisnachlässe und zuzüglich der Anschaffungsnebenkosten wie etwa Gebühren, Transportkosten oder Montagekosten zusammen. Nachträgliche Kosten müssen Sie hinzuzählen. Also in Summe alles, was zwingend nötig ist, um das erworbene Gut in einen betriebsbereiten Zustand zu versetzen. Finanzierungskosten gehören dagegen nicht zu den Anschaffungsnebenkosten.

Meins oder deins

Wenn Sie ein Wirtschaftsgut leasen, beispielsweise ein Auto, müssen Sie immer die Frage »Meins oder deins?« stellen. Das wirtschaftliche Eigentum liegt beim Leasinggeber wenn

- ✔ der Leasingvertrag keine Kauf- oder Verlängerungsoption enthält und die Grundmietzeit zwischen 40 und 90 Prozent der Nutzungsdauer beträgt oder
- ✔ der Vertrag eine Kaufoption beinhaltet, die Grundmietzeit zwischen 40 und 90 Prozent beträgt, der Kaufpreis aber mindestens so hoch wie der Buchwert ist
- ✔ oder der Vertrag eine Verlängerungsoption enthält, die Grundmietzeit zwischen 40 und 90 Prozent beträgt und die Anschlussmiete mindestens dem Buchwert entspricht.

In allen anderen Fällen liegt das wirtschaftliche Eigentum beim Leasingnehmer, also bei Ihnen.

Die jeweiligen Auswirkungen:

Wenn das wirtschaftliche Eigentum bei Ihnen liegt, müssen Sie das Fahrzeug ganz normal wie jedes andere Wirtschaftsgut des Anlagevermögens abschreiben. Sie können außerdem die Leasingraten nicht als Betriebsausgaben geltend machen. Lediglich den darin enthaltenen Zins- und Gebührenanteil können Sie herausrechnen und als Betriebsausgabe geltend machen.

Wenn das wirtschaftliche Eigentum nicht bei Ihnen, sondern beim Leasinggeber liegt, können Sie die Leasingraten als Betriebsausgaben angeben. Sie können dann sogar Leasingsonderzahlungen als Betriebsausgaben geltend machen.

Selbst gemacht: Die Herstellungskosten

Zu den Herstellungskosten zählen nur die direkt zurechenbaren Kosten, die zur Herstellung und Bereitstellung des neuen Anlageguts aufgewendet wurden. Dazu zählen:

- das verbrauchte Material
- die Lohnkosten
- eventuell benötigtes Spezialwerkzeug
- anteilige Abschreibungen für die dabei verwendeten Maschinen

Wenn Sie unbedingt wollen, können Sie auch anteilige Verwaltungsausgaben und Ausgaben für Sozialleistungen und speziell für diese Herstellung angefallene

Fremdkapitalzinsen in die Herstellungskosten einberechnen. Achtung: Alle in die Herstellungskosten eingerechneten Ausgaben dürfen Sie dann aber nicht mehr sofort voll als Betriebsausgaben absetzen.

Die Nutzungsdauer

Das deutsche Steuerrecht verlangt eine Absetzung gemäß der betriebsgewöhnlichen Nutzungsdauer. Der Fiskus war dabei so aufmerksam und hat eine umfangreiche amtliche AfA-Tabelle publiziert, in der die betriebsgewöhnliche Nutzungsdauer diverser Wirtschaftsgüter aufgelistet wird.

Die AfA-Tabelle steht natürlich auf der Internetseite des Bundesfinanzministeriums (`www.bundesfinanzministerium.de`) als Download zur Verfügung. Hier nur zwei Beispiele: Einen Pkw müssen Sie über sechs Jahre, einen PC über drei Jahre abschreiben.

Von den in der AfA-Tabelle vorgegebenen Werten dürfen Sie nur in begründeten Fällen abweichen.

Die Abschreibungsmethode

Nachdem das Abschreibungsvolumen und die Nutzungsdauer feststehen, müssen Sie sich nun überlegen, mit welcher Methode Sie abschreiben wollen. Zwei Methoden stehen zur Auswahl:

- ✔ Lineare Abschreibung
- ✔ Leistungsabhängige Abschreibung

Die lineare Abschreibung

Keep it simple! Das Motto der linearen Abschreibung! Man teile das Abschreibungsvolumen durch die Nutzungsdauer und schon hat man den für alle Jahre geltenden Abschreibungsbetrag. Ein Beispiel: Die Anschaffungskosten eines Schreibtischs betragen 1.000 Euro. Geteilt durch 13 Jahre ergibt das 76,92 Euro jährlich. Gerechnet wird übrigens immer monatsgenau ab dem Monat der Anschaffung.

Bricht der Schreibtisch jedoch im dritten Jahr bereits zusammen, so müssen Sie ihn im dritten Jahr schon außerplanmäßig auf null abschreiben. Im Falle einer außergewöhnlichen und dauernden Wertminderung eines Vermögensgegenstands des Anlagevermögens müssen Sie diese in einer sogenannten außerplanmäßigen Abschreibung berücksichtigen. Diese tragen Sie dann im Formular EÜR ebenfalls in einer dieser drei Zeilen ein und legen netterweise ein Blatt mit einer Erläuterung bei.

Immobilien dürfen Sie nur noch linear abschreiben. Wohnimmobilen können Sie mit 2 Prozent der Anschaffungskosten pro Jahr abschreiben, nicht zu Wohnzwecken genutzte Immobilien mit 3 Prozent. Wenn die Wohnung ohne Grundstücksanteil beispielsweise 200.000 Euro gekostet hat, dürfen Sie somit 50 Jahre lang 4.000 Euro jährlich abschreiben.

Ausnahmen bestätigen wie immer die Regel:

- Eine selbst genutzte Wohnung dürfen Sie nicht abschreiben.
- Vor 1925 erbaute Immobilien dürfen Sie mit 2,5 Prozent per anno abschreiben. Wenn Sie zum Beispiel im Jahr 2011 eine Wohnung Baujahr 1920 für 150.000 Euro

kaufen, der Kaufpreisanteil für das Grundstück wurde bereits herausgerechnet, dürfen Sie diese Wohnung jedes Jahr mit 3.750 Euro abschreiben. Nach Adam Riese beträgt die Abschreibungsdauer bei Altbauten damit 40 Jahre.

Degressive Abschreibung dann und wann erlaubt

Eine steuerlich sehr interessante Abschreibungsmethode ist die degressive Abschreibung, da Sie so Wirtschaftsgüter in den ersten Jahren höher abschreiben können. Damit sinkt die steuerliche Bemessungsgrundlage und somit Ihre steuerliche Belastung. Die Beliebtheit dieser Abschreibungsmethode ging der Bundesregierung dann doch zu weit; sie wurde kurzerhand verboten. Altfälle dürfen diese Methode weiter anwenden. Während der Finanz- und Wirtschaftskrise wurde die degressive Abschreibungsmethode wieder für die in den Jahren 2009 und 2010 angeschafften Wirtschaftsgüter erlaubt. Damit sollte die Konjunktur angekurbelt werden. 25 Prozent Abschreibung pro Jahr sind derzeit maximal möglich.

So funktioniert die degressive Abschreibung:

Vom jeweils letzten Buchwert werden 25 Prozent abgeschrieben. Im ersten Jahr entspricht der Buchwert den Anschaffungskosten.

Ein Beispiel: Sie kaufen einen Schreibtisch für 1.000 Euro und schreiben wie vorgeschrieben über 13 Jahre ab. Die Tabelle 8.1 zeigt den Abschreibungsverlauf der ersten sechs Jahre.

Wie Sie in der Tabelle sehen können, sinken die jährlichen Abschreibungsbeträge bei der degressiven Methode extrem ab. Ab einem bestimmten Jahr wird weniger als bei der linearen Methode abgeschrieben. Ganz schlaue Füchse ermitteln deshalb den optimalen Zeitpunkt für einen Wechsel zur linearen Methode. Im hier gezeigten Beispiel wird sich der Wechsel zur linearen Abschreibung im sechsten Jahr lohnen, da dann weniger als 76,92 Euro (1.000/13) abgeschrieben werden.

Jahr	Buchwert 01.01.	AfA 25 %	Buchwert 31.12.
1	1.000,00 €	250,00 €	750,00 €
2	750,00 €	187,50 €	562,50 €
3	562,50 €	140,63 €	421,87 €
4	421,87 €	105,47 €	316,40 €
5	316,40 €	79,10 €	237,30 €
6	237,30 €	59,33 €	177,97 €

Tabelle 8.1: Degressive Abschreibung

Die leistungsabhängige Abschreibung

Mal angenommen, Sie betreiben einen Fahrradverleih und haben sich ein neues Fahrrad zugelegt, das 2.000 Euro gekostet hat. Falls Sie sich für die leistungsabhängige Abschreibungsvariante entscheiden sollten, müssen Sie nur noch die maßgebliche Größe des Werteverzehrs ermitteln. Die gefahrenen Kilometer wären hier sicher eine gute Wahl. Das Fahrrad kann etwa 40.000 Kilometer absolvieren, danach ist es schrottreif. Somit können Sie den Abschreibungssatz wie folgt ermitteln:

Abschreibungssatz: 2.000 Euro/40.000 km = 0,05 Euro/km

Der voraussichtliche Abschreibungsverlauf des Fahrrads kann nun in einer schlichten Tabelle abgebildet werden. Die gefahrenen Kilometer per anno haben Sie natürlich fundiert abgeschätzt – am besten basierend auf Vergangenheitswerten oder aufgrund eines künftig geplanten Nutzungsverhaltens (siehe Tabelle 8.2).

Jahr	Buchwert 01.01.	geplante km	AfA	Buchwert 31.12.
1	2.000 €	10.000	500 €	1.500 €
2	1.500 €	9.000	450 €	1.050 €
3	1.050 €	8.000	400 €	650 €
4	650 €	7.000	350 €	300 €
5	300 €	2.000	100 €	200 €
6	200 €	2.000	100 €	100 €
7	100 €	2.000	100 €	0 €

Tabelle 8.2: Leistungsabhängige Abschreibung

Soweit der Abschreibungsplan. Die eigentlichen Abschreibungen werden sich später aus den tatsächlich gefahrenen Kilometern ergeben. Wenn das Rad im ersten Jahr stärker genutzt wird als geplant, schreiben Sie es auch entsprechend der höheren Kilometerleistung höher ab. Umgekehrt gilt dasselbe. Wird das Rad im ersten Jahr nur 5.000 Kilometer gefahren, wird es nicht wie geplant mit 500 Euro, sondern eben nur mit 250 Euro (5.000 km × 0,05 Euro) abgeschrieben.

Das deutsche Steuerrecht erlaubt die leistungsabhängige Abschreibung nur bei beweglichen Vermögensgegenständen. Dass sich ein Fahrrad bewegt, dürfte übrigens außer Frage stehen ...

Sonderabschreibungen und Herabsetzungsbeträge

Der Gesetzgeber denkt auch an kleinere und mittlere Betriebe. Mit Sonderabschreibungsmöglichkeiten und Investitionsabzugsbeträgen mit anschließenden Herabsetzungsbeträgen sollen Sie als Einnahme-Überschussrechner gefördert werden. Im § 7g EStG werden die Möglichkeiten beschrieben.

Sonderabschreibungsmöglichkeiten

Wenn Sie die steuerliche Sonderabschreibung nach § 7g Abs. 5 EStG nutzen wollen, müssen Sie den AfA-Wert im Formular EÜR in die Zeile der Sonderabschreibungen eintragen. Dieser Paragraf erlaubt es, bewegliches Anlagevermögen in den ersten fünf Jahren mit bis zu 20 Prozent, zusätzlich zur normalen Abschreibung, abzuschreiben.

Wenn Sie sich einen neuen betrieblich genutzten PC für 1.800 Euro zulegen, würden Sie diesen ohne Sonderabschreibung über drei Jahre mit jeweils 600 Euro abschreiben. Mithilfe der Sonderabschreibung können Sie diesen damit nun wie in der Tabelle 8.3 gezeigt abschreiben.

Im Beispiel konnte der PC so im ersten Jahr anstatt mit 600 Euro mit stolzen 960 Euro abgeschrieben werden.

Jahr	Buchwert 01.01.	normale, lineare AfA	Sonderab-schreibung	Buchwert 31.12.
1	1.800 €	600 €	360 €	840 €
2	840 €	420 €	0 €	420 €
3	420 €	420 €	0 €	0 €

Tabelle 8.3: Sonderabschreibung

Die Sonderabschreibung sollten Sie natürlich eher in einem besonders guten Jahr vornehmen, um so der Steuerprogression ein Schnippchen zu schlagen. Immerhin können Sie die Sonderabschreibung über fünf Jahre verteilen oder im Jahr Ihrer Wahl komplett vornehmen. Nutzen Sie diese Chance.

Diese Sonderabschreibungsmöglichkeit ist übrigens an ein paar Bedingungen geknüpft, damit wirklich nur kleine und mittlere Betriebe gefördert werden:

- ✔ Im Vorjahr dürfen Sie nicht mehr als 100.000 Euro Gewinn gemacht haben.
- ✔ Bei Land- und Forstwirtschaft darf der Einheitswert des Betriebs maximal 175.000 Euro betragen.
- ✔ Das Anlagegut muss nach dem 1. Januar 2008 angeschafft oder hergestellt worden sein und mindestens ein Jahr bei Ihnen verbleiben und zu mindestens 90 Prozent geschäftlich im Inland genutzt werden.

Das bewegliche Wirtschaftsgut muss nicht zwingend neu gekauft worden sein. Sie können die Sonderabschreibung auch bei selbst hergestellten oder bei gebraucht gekauften Wirtschaftsgütern des Anlagevermögens in Anspruch nehmen.

Der Herabsetzungsbetrag

Im Formular EÜR finden Sie nach den Sonderabschreibungen eine Zeile mit dem Namen »Herabsetzungsbeträge nach § 7g Abs. 2 EStG«. Klingt geheimnisvoll und fürchterlich kompliziert, aber hier bietet sich Ihnen eine weitere interessante Sonderabschreibungsmöglichkeit. Wenn Sie Investitionsabzugsbeträge gebildet haben, dürfen Sie hier in dieser Zeile eine weitere Sonderabschreibung eintragen. Wie das genau funktioniert, erfahren Sie in Kapitel 10. Dort zeige ich Ihnen, wie Sie die Möglichkeiten zur Bildung von Rücklagen und Investitionsabzugsbeträgen geschickt nutzen können.

GWG und Sammelposten

Bei geringwertigen Wirtschaftsgütern, kurz GWG, haben Sie die Qual der Wahl. Sie können Anlagegüter,

- ✔ die mehr als 150 Euro, aber maximal 410 Euro netto gekostet haben, im Jahr der Anschaffung sofort voll abschreiben
- ✔ in einen Sammelposten packen, und über fünf Jahre abschreiben. Das können Sie übrigens bei Anlagegütern machen, sofern diese zwischen 150 und 1.000 Euro gekostet haben.

Wirtschaftsgüter des Anlagevermögens, die weniger als 150 Euro gekostet haben, müssen Sie nicht gesondert aufzeichnen. Sie können diese sofort einfach an passender Stelle als Betriebsausgabe geltend machen.

Wenn Sie die erste Möglichkeit wählen, tragen Sie Ihre Aufwendungen für die geringwertigen Wirtschaftsgüter in die gleichnamige Zeile ein. Wenn Sie zum Beispiel im letzten Jahr einen Arbeitstisch für 300 Euro netto, zwei Stühle zu jeweils 155 Euro netto und zwei Designerlämpchen zu je 400 Euro netto für Ihr Büro gekauft haben, tragen Sie in diese Zeile 1.410 Euro ein. Die Auswirkung: Diese Ausgaben vermindern Ihren Gewinn im Jahr der Anschaffung in voller Höhe.

Wenn Sie dagegen die zweite Möglichkeit bevorzugen, müssen Sie die im letzten Jahr angeschafften geringwertigen Wirtschaftsgüter in einem sogenannten Sammelposten erfassen, eine herkömmliche Tabelle genügt, und ab dem Anschaffungsjahr über fünf Jahre abschreiben.

Dazu wieder zum Beispiel. Sie haben im letzten Jahr den Arbeitstisch, die Stühle und die Lämpchen gekauft. Diese kommen neu in den Sammelposten dazu. Im Vorjahr haben Sie auch bereits eine Anschaffung im Sammelposten erfasst: einen PC für 900 Euro. Der Sammelposten für das laufende Jahr sieht damit so aus:

In die Zeile für die Auflösung Sammelposten können Sie demnach 462 Euro eintragen. Deutlich weniger als bei der ersten Möglichkeit. Über die Jahre hinweg gleicht sich dies jedoch wieder aus. Entscheidend für Ihre Wahl ist, wann Sie die gewinnmindernden Betriebsausgaben am dringendsten benötigen. In schlechten Jahren ergibt der Sammelposten mehr Sinn, in guten Jahren sollten Sie die geringwertigen Wirtschaftsgüter bis 410 Euro sofort voll geltend machen, um der Steuerprogression ein wenig zu entgehen.

Anschaffungsjahr	Anschaffungswert	Buchwert letztes Jahr 31.12.	Auflösung Sammelposten dieses Jahr	Buchwert aktuelles Jahr 31.12.
2013	PC: 900 €	720 €	180 €	540 €
2014	Arbeitstisch: 300 €	---	60 €	240 €
2014	Stuhl: 155 €	---	31 €	124 €
2014	Stuhl: 155 €	---	31 €	124 €
2014	Lampe: 400 €	---	80 €	320 €
2014	Lampe: 400 €	---	80 €	320 €
Summe			462 €	

Tabelle 8.4: Sammelposten

Sammelposten sind zäh: Scheidet ein im Sammelposten gelistetes Wirtschaftsgut durch Verkauf oder Verlust aus dem Betriebsvermögen aus, müssen Sie es trotzdem bis zum fünften Jahr im Sammelposten weiter abschreiben, als ob nichts passiert wäre.

Restbuchwert ausgeschiedener Anlagegüter

In diese Zeile dürfen Sie den Restbuchwert aller ausgeschiedenen Wirtschaftsgüter eintragen, in der Regel also beim Verkauf eines Anlagegutes. Der Restbuchwert steht hier als Betriebsausgabe möglichen Verkaufserlösen, also den Betriebseinnahmen, gegenüber.

Die Fahrtkosten

Nun geht es im Formular EÜR um die Fahrtkosten. In die Zeile »Laufende und feste Kosten (ohne AfA und Zinsen)« gehören alle Kosten Ihrer Firmenfahrzeuge hinein, mit Ausnahme der AfA. Diese haben Sie ja schon weiter vorne bei der Absetzung für Abnutzung eingetragen. Laufende und feste Kosten sind zum Beispiel die Kfz-Versicherung, Kfz-Steuer, Leasingzahlungen, Tankrechnungen, Ausgaben für die Waschanlage oder Reparaturrechnungen und Unfallkosten.

Neben den Fahrzeugkosten werden hier auch alle anderen Fahrtkosten eingetragen. Wenn Sie zum Beispiel zur Messe nach Hannover oder zum Kunden mit der Bahn gefahren sind, kommen die Ausgaben für die Fahrkarte hier auch rein.

Nutzung des privaten Pkw

Falls kein Firmenfahrzeug vorhanden ist und für die betrieblich bedingten Fahrten das private Fahrzeug benutzt wird, können Sie die so entstandenen Kosten natürlich hier auch als Betriebsausgabe angeben. Sie können die Ausgaben für die betrieblichen Fahrten entweder mit Hilfe eines Pauschbetrags oder per Einzelnachweis ermitteln.

Der Pauschbetrag für betriebliche Fahrten

Je gefahrenen Kilometer können Sie 0,30 Euro als Betriebsausgabe geltend machen. Wenn sich bei Ihnen die betrieblichen Fahrten nicht nur auf ein oder zwei Messebesuche pro Jahr beschränken, die Sie ja jederzeit mit der Eintrittskarte belegen können, sollten Sie unbedingt ein Fahrtenbuch führen. So können Sie die gefahrenen Kilometer jederzeit nachweisen.

Sollten Sie auf einer betrieblich bedingten Fahrt einen Unfall haben, können Sie die daraus entstehenden Ausgaben zusätzlich zur Kilometerpauschale als Betriebsausgabe geltend machen.

Der Einzelnachweis

Wenn Ihnen der Pauschbetrag zu niedrig erscheint, können Sie die Kosten für die betrieblichen Fahrten mit Ihrem privaten Pkw notfalls auch per Einzelkostennachweis geltend machen. Rechnungen, die erkennbar mit betrieblichen Fahrten zusammenhängen, wie zum Beispiel Tankrechnungen, dienen dann als Nachweis.

Bei Wartungsrechnungen oder Reifenkäufen wird der Nachweis ohne Fahrtenbuch schwierig. Führen Sie daher immer ein Fahrtenbuch, auch wenn es lästig ist.

Fahrten zwischen Wohnung und Betriebsstätte

In der Zeile 62 geht es um die Kosten für Wege zwischen Wohnung und Betriebsstätte.

In dieser Zeile sollen die tatsächlich angefallenen Kosten für den Weg zwischen Wohnung und Betriebsstätte eingetragen werden – inklusive der bereits als Betriebsausgaben erfassten Fahrzeugabschreibung, Finanzierungskosten und laufenden Kosten.

Diese Kosten werden hier im ersten Schritt von den bereits ermittelten Gesamtkosten abgezogen. Deshalb bezeichnet man den Inhalt dieser Zeile gerne auch als Kürzungsbetrag.

Im zweiten Schritt dürfen Sie nachher einen Teil der Aufwendungen für diese Fahrten in die Zeile »Mindestens abziehbare Aufwendungen für Wege zwischen Wohnung und Betriebsstätte« wieder eintragen. Falls Sie sich jetzt fragen sollten, warum Sie diesen Kostenbestandteil zuerst von den Gesamtkosten abziehen sollen, um ihn später wieder hinzuzuaddieren, hier die unbequeme Antwort: Sie dürfen für Fahrten zwischen Wohnung und Betriebsstätte nur die sogenannte Entfernungspauschale ansetzen, nicht die tatsächlich angefallenen Kosten. Der Grund: Als Selbstständiger sollen Sie nicht besser gestellt werden als die Arbeitnehmer, die ebenfalls nur die Entfernungspauschale für Fahrten zwischen Wohnung und Arbeitsstelle geltend machen können. Wie Sie in welchem Fall diese Beträge ermitteln, erfahren Sie nun.

Zwei Möglichkeiten zur Ermittlung

Die Kosten für die Fahrten zwischen Wohnung und Betriebsstätte können Sie entweder per Ein-Prozent-Regel oder mit Hilfe eines Fahrtenbuchs ermitteln.

Ermittlung mit dem Fahrtenbuch

Die Kosten für die Fahrten zwischen Wohnung und Betriebsstätte ermitteln Sie, indem Sie die Gesamtkosten, die Sie in der Zeile »Laufende und feste Kosten« und in der vorangegangenen AfA (Absetzungen für Abnutzung) ja bereits ermittelt haben, durch die gesamten gefahrenen Kilometer teilen und anschließend mit den gefahrenen Kilometern zwischen Wohnung und Arbeitsstätte multiplizieren.

Dazu ein Beispiel: Der Wagen hatte im letzten Jahr eine AfA von 1.000 Euro und laufende und feste Kosten von 9.000 Euro. Diese Gesamtkosten in Höhe von 10.000 Euro teilen Sie durch die im letzten Jahr gefahrenen Kilometer, zum Beispiel 20.000 km. Das ergibt 0,50 Euro pro Kilometer. Zwischen Wohnung und Betriebsstätte sind Sie zweihundertmal gefahren, bei 3,4 Kilometern Entfernung ergibt das 340 Euro.

Ermittlung per Ein-Prozent-Regel

Diese Variante dürfen Sie nur anwenden, wenn das Fahrzeug zu mehr als 50 Prozent betrieblich genutzt wird, also zum notwendigen Betriebsvermögen gehört. Den Kürzungsbetrag ermitteln Sie bei Anwendung der Ein-Prozent-Regel zur Ermittlung der privaten Fahrten gemäß folgender Formel:

> 0,03 % des Listenpreises × Kalendermonate
> × einfache Entfernung

Der Firmenwagen hatte einmal einen Listenpreis von 10.000 Euro. Acht Wochen hatten Sie Urlaub. Die Strecke zwischen Wohnung und Betriebsstätte beträgt drei Kilometer. Macht 90 Euro

> 10.000 × 0,03 % × 10 Monate × 3 = 90

Bei doppelter Haushaltsführung müssen Sie noch weitere 0,02 Prozent multipliziert mit der Anzahl der Heimfahrten multipliziert mit den Kilometern hinzuaddieren.

Entfernungspauschale: Die abziehbaren Aufwendungen

Nachdem Sie die Gesamtkosten um die enthaltenen Kosten für Wege zwischen Wohnung und Betriebsstätte erleichtert haben, dürfen Sie jetzt wie bereits angekündigt im zweiten Schritt in der Zeile »Abziehbare Aufwendungen für Wege zwischen Wohnung und Betriebsstätte« einen Teil der Aufwendungen für diese Fahrten in die Zeile wieder eintragen.

Und zwar die Entfernungspauschale von 0,30 Euro je Entfernungskilometer. Beträgt Ihr Weg zur Betriebsstätte zum Beispiel 3,4 Kilometer, dürfen Sie pro Arbeitstag 3,4 × 0,30 Euro = 1,02 Euro geltend machen. Und dies unabhängig davon, ob Sie mit einem Firmenwagen oder mit einem privaten Fahrzeug gefahren sind.

Wenn Sie öffentliche Verkehrsmittel benutzen, können Sie entweder 0,30 Euro pro Entfernungskilometer oder die tatsächlich angefallenen Kosten für die Fahrkarten eintragen. Der Vorteil bei den tatsächlichen Kosten: Diese sind nicht bei 4.500 Euro gedeckelt.

Die Raumkosten

Nun zum nächsten spannenden Thema, den Raumkosten – Arbeitszimmer inbegriffen. Das Formular EÜR behandelt dies in der Zeile »Aufwendungen für ein häusliches Arbeitszimmer«. Befindet sich das Arbeitszimmer in Ihrem Haus oder in Ihrer Wohnung, ist es ein häusliches Arbeitszimmer. Die Konsequenz: Die Kosten können nur geltend gemacht werden, wenn das Arbeitszimmer den beruflichen Mittelpunkt bildet. Das ist leider nicht der Fall wenn Sie

- ✔ nebenberuflich selbstständig tätig sind und ansonsten als Arbeitnehmer zur Arbeit gehen,
- ✔ Vollzeit-Selbstständiger sind, die meiste Zeit aber draußen beim Kunden verbringen,
- ✔ Lehrer sind.

Wenn das so ist, können Sie wenigstens noch die darin stehenden Einrichtungsgegenstände, wie etwa den Schreibtisch oder Bürostuhl, als Betriebsausgaben geltend machen, solange die Gegenstände beruflichen Zwecken dienen.

Wenn das Arbeitszimmer bei Ihnen nicht den Mittelpunkt der Arbeit darstellt, sollten Sie trotzdem die Kosten für das häusliche Arbeitszimmer im Formular EÜR angeben.

Wenn bei Ihnen das häusliche Arbeitszimmer den beruflichen Mittelpunkt bildet, können Sie die anteilige Miete oder Abschreibung, Schuldzinsen, Kosten für Gas, Wasser und Strom und sonstige Nebenkosten geltend machen.

An alle Eigentümer: Achten Sie darauf, dass Ihr Arbeitszimmer nicht mehr als 20 Prozent der gesamten Grundstücksfläche einnimmt und nicht mehr als 20.500 Euro wert ist. Ansonsten müssen Sie das Arbeitszimmer dem notwenigen Betriebsvermögen zuordnen. Bei einem späteren Haus- oder Wohnungsverkauf müssen Sie dann den anteiligen Verkaufserlös als Betriebseinnahme und den Restbuchwert als Betriebsausgabe angeben.

In der nächsten Zeile »Sonstige Aufwendungen für betrieblich genutzte Grundstücke« können Grundbesitzer zum Beispiel Ausgaben für Instandhaltung oder Grundsteuerzahlungen angeben.

Schuldzinsen und sonstige Betriebsausgaben 9

In diesem Kapitel

- ✔ Schuldzinsen erfassen
- ✔ Richtig schenken
- ✔ Nicht maßlos bewirten und reisen
- ✔ Gezahlte Vor- und Umsatzsteuer angeben

Nun geht es auf die Schlussgerade. Schuldzinsen werden gezahlt, Geschenke verteilt, Gäste bewirtet und die Welt wird bereist. Und am Schluss sammelt der Besenwagen noch die sonstigen Betriebsausgaben ein. Dazu zählen zum Beispiel Ausgaben für das Büromaterial, das Telefon, Fortbildungen und die gezahlte Vor- beziehungsweise Umsatzsteuer.

Schuldzinsen erfassen

In der Zeile »Finanzierung von Anschaffungs-/Herstellungskosten von Wirtschaftsgütern des Anlagevermögens« können Sie die gezahlten Schuldzinsen aus Krediten eintragen. Aber natürlich nur die Schuldzinsen aus den Krediten, die Sie zur Finanzierung von Anlagegütern aufgenommen haben.

Ohne Ausnahme geht es auch hier nicht: Schuldzinsen aus der Finanzierung des Arbeitszimmers müssen Sie bei den Raumkosten eintragen.

Selbst wenn Sie eine betriebliche Investition komplett mit eigenen Mitteln bestreiten könnten, erkennt das Finanzamt eine Fremdfinanzierung per Kredit und die daraus bezahlten Schuldzinsen an. Es ist schließlich Ihre eigene unternehmerische Entscheidung, wie Sie eine Investition finanzieren.

Wenn Sie neben der Finanzierung von Anlagevermögen aus betrieblichen Gründen noch weitere Kredite aufgenommen haben und gezwungenermaßen hierfür Zinsen an Ihre Bank bezahlen, dürfen Sie diese Schuldzinsen in die nächste Zeile »Übrige Schuldzinsen« eintragen.

Dies geht unbegrenzt aber nur bis zu 2.050 Euro. Darüber hinaus sind die übrigen Schuldzinsen nur begrenzt abzugsfähig, sofern Sie anschließend zu viel Geld aus dem Unternehmen entnehmen wollen. Dieser Vorgang wird als *Überentnahme* bezeichnet. Dann geht der Fiskus davon aus, dass Sie mit dem Kredit Ihre private Lebensführung finanzieren wollen.

Eine Überentnahme liegt vor, wenn Sie mehr Geld aus dem Unternehmen entnehmen, als Gewinn erwirtschaftet wurde. In diesem Fall zieht Ihnen der Fiskus von den gezahlten Schuldzinsen einen Betrag in Höhe von sechs Prozent der Überentnahme ab. Wenn die Überentnahme 1.000 Euro beträgt und die gezahlten Schuldzinsen 100 Euro, werden Ihnen nur 40 Euro als betrieblich bedingte Schuldzinsen anerkannt: 100 Euro minus sechs Prozent aus 1.000 ergibt 40 Euro.

Für fast umsonst: Geschenke

Tragen Sie nun die übrigen beschränkt abziehbaren Sonderausgaben in das Formular EÜR ein. Hier müssen Sie penibel auf die gesetzlichen Rahmenbedingungen achten, damit Sie wenigstens den beschränkten Teil Ihrer Ausgaben von der Steuer absetzen können.

In der Zeile »Geschenke«, Überraschung, dürfen Sie nur Ihre betrieblich bedingten Ausgaben für Geschenke eintragen.

Der Fiskus erkennt ein Geschenk an Ihre Kunden nur dann als Betriebsausgabe an, wenn es nicht mehr als 35 Euro wert ist. Wenn Sie etwas für 40 Euro verschenken, versagt der Fiskus die Anerkennung des gesamten Geschenks als Betriebsausgabe.

Weihnachtsgeschenke für Ihre Neffen können Sie hier leider nicht eintragen, da diese nicht betrieblich bedingt sind. Dasselbe gilt für Geschenke an den Erbonkel, auch wenn hierdurch die Eigenkapitalsituation Ihres Unternehmens verbessert werden soll.

Geschenke an Ihre eigenen Mitarbeiter werden übrigens in unbegrenzter Höhe als Betriebsausgaben anerkannt.

Die Bewirtungskosten

Nun kommen die Bewirtungskosten an die Reihe. Prösterchen. 70 Prozent der Rechnungsbeträge können Sie in die Zeile »Bewirtung« eintragen. Auf den restlichen 30 Prozent bleiben Sie leider persönlich sitzen. Die bezahlte Vorsteuer dürfen Sie aber dennoch zu 100 Prozent absetzen. Diese gehört übrigens gleich weiter unten im Formular in die Zeile »Gezahlte Vorsteuerbeträge«.

Ausnahmen bestätigen wie immer die Regel: Die Bewirtung Ihrer Arbeitnehmer können Sie in voller Höhe als Betriebsausgabe ansetzen.

Damit der Fiskus die Bewirtungskosten anerkennt, müssen Sie sich outen: Ort, Tag, Teilnehmer und Anlass der Party müssen genannt werden. Wenn Sie Ihre Geschäftsfreunde in ein Restaurant zum Essen einladen, benötigen Sie vom Gastwirt zudem eine elektronische beziehungsweise maschinelle Rechnung. Die verzehrten Speisen und Getränke müssen darin detailliert aufgeführt werden. So will der Fiskus überprüfen, ob es sich um einen gesunden, Verzeihung, angemessenen Verzehr gehandelt hat. Ausgaben für Orgien werden in aller Regel nicht anerkannt.

Wenn Sie für Ihren Restaurantbesuch mit Geschäftsfreunden einen Nebenraum reserviert haben, bieten Sie dem Gastwirt doch die Zahlung einer Raummiete an und verlangen im Gegenzug günstigere Getränke- und Speisepreise. Der Sinn und Zweck: Die Raummiete können Sie zu 100 Prozent als Betriebsausgabe angeben, die Bewirtung ja nur zu 70 Prozent.

Die Reisekosten und Aufwendungen für doppelte Haushaltsführung

Die eigentlichen Reisekosten mussten Sie ja bereits weiter oben bei den Fahrtkosten eingetragen. Hier in der Zeile »Übernachtungs- und Reisenebenkosten« geht es nur noch um die Reisenebenkosten. Damit sind vor allem die Übernachtungskosten sowie die Kosten für die Verpflegung gemeint. Für die Verpflegung unterwegs brauchen Sie keine Belege zu sammeln, da Sie nur die folgenden Pauschbeträge bei Inlandsreisen geltend machen können.

Abwesenheit	Pauschale für Verpflegungsmehraufwand
Mindestens 8 Stunden	6 €
Mindestens 14 Stunden	12 €
Mindestens 24 Stunden	24 €

Tabelle 9.1: Pauschale für Verpflegungsmehraufwand im Inland

Die Pauschalen gelten übrigens pro Tag und nicht pro Reise.

Bei Reisen ins Ausland können Sie ebenfalls nicht Ihre tatsächlichen Ausgaben für die Verpflegung geltend machen, sondern nur die Pauschalen.

Sie finden die aktuelle Liste mit den Pauschalen für verschiedene Länder auf der Seite des Ministeriums `www.bundesfinanzministerium.de` ganz leicht über das Suchwort »Verpflegungsmehraufwendungen«.

Ein Beispiel: Bei einer zehntägigen Reise nach Südkorea hatten Sie Flugkosten in Höhe von 750 Euro, Übernachtungskosten von 1.500 Euro und jede Menge Restaurantrechnungen für lecker Kimchi. Die Flugkosten landen im Formular EÜR weiter oben bei den Fahrtkosten. Die Übernachtungskosten über 1.500 Euro kommen in die Zeile der Reisekosten. Für die Verpflegung können Sie gemäß der Liste 66 Euro pro Reisetag, also 660 Euro, geltend machen. Diese landen ebenfalls in die Zeile der Reisekosten.

Wenn in der Hotelrechnung für Ihre Übernachtung offensichtlich Frühstück, Mittag- oder Abendessen enthalten sind, jedoch nicht gesondert ausgewiesen werden, droht Ihnen eine Kürzung der Rechnung:

- Für das Frühstück werden Ihnen 20 Prozent aus der Verpflegungspauschale von den Übernachtungskosten abgezogen.
- Für Mittag- oder Abendessen werden jeweils weitere 40 Prozent aus der Verpflegungspauschale abgezogen.

Wenn Sie für eine Hotelübernachtung inklusive Frühstück in Paris 100 Euro bezahlt haben, ohne dass dies auf der Rechnung getrennt ausgewiesen wird, zieht Ihnen das Finanzamt 20 Prozent aus 48 Euro Verpflegungspauschale von den 100 Euro ab, also 9,60 Euro.

Bei ausländischen Hotelrechnungen ohne Hinweis auf enthaltene Frühstücksleistungen genügt es, wenn Sie einen handschriftlichen Vermerk »ohne Frühstück« eintragen. Dann wird Ihnen die Rechnung in aller Regel nicht gekürzt.

Übrigens: Die Reisekosten werden nur anerkannt, wenn sie betrieblich bedingt sind. Kommen Sie bitte nicht auf die Idee, Ihren nächsten Familienurlaub hier als Betriebsausgabe anzugeben.

Sollten Sie während Ihres Familienurlaubs jedoch auch einen Geschäftstermin wahrnehmen, können Sie neuerdings einen angemessenen Teil der Reisekosten auch als Betriebsausgabe angeben.

Aufwendungen für doppelte Haushaltsführung

Wenn Sie aus unternehmerischen Gründen fern Ihrer Familie eine weitere Wohnung unterhalten müssen, können Sie die Ausgaben für die doppelte Haushaltsführung selbstverständlich als Betriebsausgaben geltend machen. Sie können dann die Miete, die Ausgaben für die Wohnungseinrichtung und Verpflegungsmehraufwendungen für die ersten drei Monate steuerlich absetzen. Bei Letzteren gelten wieder die bereits oben bei den Reisekosten aufgeführten Pauschalen.

Der Dreimonatsregel können Sie entgehen, wenn Sie sich geschäftlich bedingt zwischendurch auch mal woanders aufhalten müssen.

Restesammler

In die nächsten Zeilen kommt der klägliche Rest. Betrieblich bedingt muss er aber schon sein. Die gute Nachricht: Jetzt dürfen Sie endlich wieder ohne irgendwelche Beschränkungen Betriebsausgaben eintragen.

Porto, Telefon und Büromaterial

Es geht los mit der Zeile für »Aufwendungen für Telekommunikation«. Hier landen zum Beispiel alle Ausgaben für Briefmarken, Ihren Telefonanschluss.

Fortbildung und Fachliteratur

In die nächste Zeile geht es um die Ausgaben für Fortbildung und Fachliteratur. Bei den Fortbildungskosten ist der Fiskus ein wenig eigen. Ausgaben für eine erstmalige Ausbildung beziehungsweise Studium erkennt er hier in der EÜR nicht an. Es muss sich schon um eine Weiterbildung, ein Aufbaustudium oder dergleichen handeln.

Bei den Ausgaben für Fachliteratur bitte nicht die Quittung mit dem neuesten Roman unterjubeln. Ansonsten können Sie hier nach Belieben in der Buchhandlung Ihrer Wahl Fachliteratur einkaufen und diese als Betriebsausgabe angeben; soviel wie Sie nun mal tragen können.

Rechts- und Steuerberatung, Buchführung

In diese Zeile können Sie die Ausgaben für dieses Buch hier eintragen. Diese haben eindeutig etwas mit Ihrer unternehmerischen Tätigkeit und nichts mit dem privaten Teil Ihrer Einkommensteuererklärung zu tun. Ebenso können Sie hier die Ausgaben für einen Buchhaltungsservice eintragen. Und: Aus den Rechnungen Ihres Steuerberaters muss eindeutig hervorgehen, dass Sie für das Unternehmen entstanden sind. Ansonsten könnte es schnell Probleme mit der Anerkennung geben.

Übrige Betriebsausgaben

In die Zeile der übrigen unbeschränkt abziehbaren Betriebsausgaben können Sie alle sonstigen voll abzugsfähigen Betriebsausgaben eintragen, für die Sie nun wirklich keine andere passende Zeile gefunden haben. Hoffentlich ist das eher selten der Fall.

Gezahlte Vor- und Umsatzsteuer

Jetzt wird es wieder etwas anstrengender: In die Zeile 48 »Gezahlte Vorsteuer« dürfen Sie jetzt die gezahlten Vorsteuerbeträge eintragen. Dies sind gemäß der Philosophie der EÜR ja Betriebsausgaben.

Dazu müssen Sie nun bei sämtlichen Rechnungen die gezahlte Vorsteuer heraussuchen. Im Rahmen der Umsatzsteuererklärung haben Sie dies ja bereits ermittelt.

Alle von der Umsatzsteuer befreiten Leser müssen in diese und in die nächste Zeile rein gar nichts eintragen. Sie haben die bezahlten Rechnungen ja brutto, also inklusive Vorsteuer bereits als Betriebsausgabe erfasst. Und Umsatzsteuer verlangen Sie in Ihren Rechnungen ja ebenfalls nicht. Herzlichen Glückwunsch.

In die Zeile 49 »An das Finanzamt gezahlte und ggf. verrechnete Umsatzsteuer« tragen Sie die Umsatzsteuer ein, die Sie laut Umsatzsteuererklärung bereits an das Finanzamt gezahlt haben, sofern Sie umsatzsteuerpflichtig sind und ebendiese kassiert haben.

Wenn Sie im letzten Jahr mehr Umsatzsteuer vereinnahmt haben als Sie Vorsteuer bezahlt haben, mussten Sie an das Finanzamt Umsatzsteuer abführen. Wenn das zum Beispiel 75,23 Euro waren, tragen Sie diese 75,23 Euro in die Zeile »An das Finanzamt gezahlte und ggf. verrechnete Umsatzsteuer« als Betriebsausgabe ein.

Gewinnermittlung, Rücklagen und Investitionsabzugsbeträge 10

In diesem Kapitel

- ✔ Rücklagen kennenlernen
- ✔ Ansparabschreibungen und Investitionsabzugsbeträge ausnutzen
- ✔ Den Gewinn ermitteln

Hier erfahren Sie, wie Sie mithilfe von Rücklagen, Ansparabschreibungen und Investitionsabzugsbeträgen der Steuerprogression ein Schnippchen schlagen können. Und Sie erfahren, wie Sie Ihren Gewinn ermitteln.

Rücklagen bilden

Alle Jahre wieder ersetzen Sie alte Wirtschaftsgüter des Anlagevermögens durch neue Wirtschaftsgüter, zum Beispiel Ihren alten PC durch einen neuen. Wenn Sie den PC ordnungsgemäß über drei Jahre abgeschrieben haben, besitzt die alte Kiste am Ende einen Restbuchwert von 0 Euro. Und wenn der alte PC von einer kalifornischen Firma stammt, die irgendwas mit Obst zu tun hat, erzielen Sie beim Verkauf sicherlich noch eine ordentliche Summe.

Damit decken Sie eine sogenannte stille Reserve auf, die Sie als Betriebseinnahme voll erfassen und damit auch versteuern müssen.

Die stille Reserve ist die Differenz aus dem Verkaufserlös und dem Restbuchwert des ausgeschiedenen Wirtschaftsguts des Anlagevermögens. Wenn der alte Firmenwagen mit einem Restbuchwert von 4.000 Euro für 6.000 Euro verkauft werden kann, dann decken Sie eine stille Reserve in Höhe von 2.000 Euro auf.

Wenn Sie für Ihren alten, bereits komplett abgeschriebenen PC beispielsweise noch 600 Euro erhalten, müssen Sie diesen Betrag bekanntlich weiter vorne im Formular EÜR bei den Betriebseinnahmen durch »Veräußerung oder Entnahme von Anlagevermögen« eintragen. Bei den Betriebsausgaben können Sie dagegen nichts eintragen, da der Restbuchwert ja 0 Euro beträgt. Da das ein wenig Schmerzen bereitet, bietet Ihnen der Fiskus Linderung an.

Sofortiger Ersatzkauf: Übertragung stiller Reserven

Da Sie sich ein Leben ohne PC nicht mehr vorstellen können, kaufen Sie sich sofort wieder einen neuen PC. Es muss das Modell mit 27-Zoll-LED-Monitor für 1.800 Euro sein. Die stille Reserve aus dem Verkaufserlös für den alten PC über 600 Euro können Sie jetzt in die Zeile »Übertragung von stillen Reserven …« eintragen. Diese 600 Euro landen damit später per Übertrag bei den Betriebsausgaben in der Zeile »Rücklagen, stille Reserven und/oder Ausgleichsposten (Übertrag von Zeile 88)«.

Die erste Folge

Die gewinnerhöhende stille Reserve konnte wieder komplett ausgeglichen werden: Beim PC hatten Sie so 600 Euro Betriebseinnahmen und 600 Euro Betriebsausgaben durch den Übertrag von stillen Reserven.

Der Übertrag von stillen Reserven ist somit eine fiktive Betriebsausgabe.

Die zweite Folge

Sie müssen die übertragene stille Reserve vom Anschaffungspreis des neuen PCs oder Firmenwagens abziehen. Das bedeutet, dass Sie beim PC-Neukauf in den nächsten drei Jahren nicht jeweils 600 Euro gewinnmindernd abschreiben können (1.800/3 Jahre = 600 Euro AfA p. a.), sondern lediglich 400 Euro (1.200/3 Jahre = 400 Euro AfA p. a.).

Später kaufen: Jetzt Rücklagen bilden

Wenn Sie sich nicht sofort für einen Ersatzkauf entscheiden möchten, können Sie die stille Reserve trotzdem gewinnmindernd als Betriebsausgabe ansetzen. Dann tragen Sie die stille Reserve lediglich in eine andere Zeile ein: in die Zeile »Rücklagen ...«.

Die erste Folge

Der gewinnerhöhende Verkaufserlös konnte ebenfalls wieder komplett durch die fiktive Betriebsausgabe ausgeglichen werden. Genauso wie beim sofortigen Ersatzkauf.

Die zweite Folge

Da Sie keinen Ersatzkauf tätigen, können Sie die stille Reserve auch nirgendwo vom Anschaffungspreis abziehen. Sie wird solange eingefroren, bis Sie später einmal den Ersatzkauf vornehmen. Erst dann ziehen Sie die stille Reserve vom Anschaffungspreis ab.

Sie müssen die Ersatzbeschaffung innerhalb von vier Jahren vornehmen, bei Immobilien innerhalb von sechs Jahren. Wenn Sie diese Frist verstreichen lassen, wird die gebildete Rücklage mit 6 Prozent p. a. verzinst und gewinnerhöhend aufgelöst. Dies dürfen Sie dann in der Zeile »Gewinnzuschlag ...« und in der Spalte Auflösung in der Zeile »Rücklagen ...« vornehmen. Die Summe landet dann per Übertrag vorne bei den Betriebseinnahmen in der Zeile »Auflösung von Rücklagen, Ansparabschreibungen ...«.

Die Ansparabschreibung

Es war einmal die Ansparabschreibung. Bis zum Jahr 2008 konnten Sie für künftige Anschaffungen von beweglichen Wirtschaftsgütern des Anlagevermögens, zum Beispiel Fahrzeuge oder PCs, eine sogenannte Ansparabschreibung bilden, die als Betriebsausgabe abgesetzt werden konnte. Also so ähnlich wie die heute möglichen Herabsetzungsbeträge, die hier gleich bei den Investitionsabzugsbeträgen erklärt werden. Der Unterschied zu heute: Die Ansparabschreibung boten deutlich weniger Möglichkeiten.

In der Zeile »Ansparabschreibungen für Existenzgründer ...« dürfen all jene, die damals Ansparabschreibungen gebildet haben, jetzt die Ansparabschreibung gewinnerhöhend auflösen, nachdem die geplante Anschaffung getätigt wurde. Per Übertrag landet die Auflösung dann ebenfalls vorne bei den Betriebseinnahmen.

Wenn die Voraussetzungen für die Bildung der Ansparabschreibung nicht erfüllt wurden, sei es durch schlichte Kaufverweigerung oder durch Kauf eines hierfür nicht erlaubten Wirtschaftsguts, dürfen Sie zur Strafe auch die Zeile »Gewinnzuschlag ...« befüllen.

Ausgleichsposten bilden und auflösen

Wenn Sie im In- und im Ausland Betriebsstätten unterhalten, kann es schon mal vorkommen, dass Sie ein Wirtschaftsgut des Anlagevermögens in eine ausländische Betriebsstätte überführen möchten. Steuerlich betrachtet handelt es sich dabei zuerst einmal um eine Entnahme des Wirtschaftsguts. Die Konsequenzen: Ist der Restbuchwert niedriger als der Marktwert, decken Sie dabei auch noch stille Reserven auf, die Ihren Gewinn erhöhen. Und das, obwohl Sie ein Wirtschaftsgut nur von der einen in die andere Betriebsstätte karren wollten.

Der Gesetzgeber hat das Problem erkannt und für Abhilfe gesorgt. Wenn Sie ein Wirtschaftsgut in einen anderen Mitgliedsstaat der Europäischen Union verbringen, können Sie in Höhe der dabei aufgedeckten stillen Reserven einen Ausgleichsposten bilden. Dieser stellt eine fiktive Betriebsausgabe dar. So weit die gute Nachricht. Jetzt die schlechte Nachricht: Der Augleichsposten muss im Jahr der Bildung und in den vier darauf folgenden Jahren wieder gewinnerhöhend aufgelöst werden.

Sie bilden den Ausgleichsposten, indem Sie in der gleichnamigen Zeile in der Spalte »Bildung« die aufgedeckte stille Reserve eintragen. Die Auflösung tragen Sie in der Spalte rechts daneben ein. Ein Beipackzettel mit einer Erläuterung kann dabei sicherlich nicht schaden.

Die Investitionsabzugsbeträge

Im Formular EÜR dreht sich in den nächsten Zeilen alles um die Investitionsabzugsbeträge. Zuerst geht es um die Bildung, anschließend um die Hinzurechnungen.

Mit den Investitionsabzugsbeträgen sollen gezielt kleine und mittlere Unternehmen gefördert werden, also Sie!

Die Bildung von Investitionsabzugsbeträgen

Sie können für geplante Anschaffungen von beweglichen Wirtschaftsgütern des Anlagevermögens Investitionsabzugsbeträge bilden. Diese verringern bereits in den Jahren der Bildung Ihren Gewinn und Ihr zu versteuerndes Einkommen.

Dazu ein kleines Beispiel: Sie möchten in drei Jahren einen neuen Firmenwagen im Wert von 20.000 Euro kaufen. Dafür können Sie jetzt und in den beiden folgenden Jahren jeweils einen gewinnmindernden Investitionsabzugsbetrag bilden.

Der Investitionsabzugsbetrag darf maximal 40 Prozent der geplanten Anschaffungs- oder Herstellungskosten betragen. Das Wirtschaftsgut muss spätestens bis zum Ende des dritten Jahres ab Bildung des Betrags gekauft oder hergestellt werden.

40 Prozent aus 20.000 Euro sind 8.000 Euro. Diese können Sie nun nach Belieben auf die drei Jahre verteilen. Am sinnvollsten ist es natürlich, wenn Sie die Abzugsbeträge auf die gewinnträchtigsten Jahre legen.

Im Beispiel werden die 8.000 Euro einfach sofort voll im ersten Jahr gebildet. Dazu tragen Sie diesen Betrag unterhalb der Zeile »Investitionsabzugsbeträge – Bildung« ein. Hier dürfen Sie auch die Funktion des künftigen Wirtschaftsguts und dessen voraussichtliche Anschaffungs- beziehungsweise Herstellungskosten eintragen. Der zu versteuernde Gewinn verringert sich damit dann um diesen Betrag.

Wenn Sie sich jetzt fragen sollten, womit Sie soviel Zuwendung seitens des Fiskus verdient haben, hier die Antwort: Mit der Vorwegnahme der Abschreibungen sollen Sie die Möglichkeit erhalten, für die geplante Investition sparen zu können.

Ganz ohne Rahmenbedingungen geht es jedoch nicht. Hier die gesamten Voraussetzungen für die Bildung von Investitionsabzugsbeträgen im Überblick:

- ✔ Die Investitionsabzugsbeträge dürfen maximal 40 Prozent der geplanten Anschaffungs- oder Herstellungskosten betragen.
- ✔ Die Anschaffung muss spätestens bis zum Ende des dritten Jahres ab Bildung des Abzugs erfolgen.
- ✔ Das Wirtschaftsgut darf neu oder gebraucht erworben werden, muss jedoch mindestens zu 90 Prozent betrieblich in einer inländischen Betriebsstätte genutzt werden. Bei Firmenfahrzeugen zählen die Fahrten zwischen Woh-

nung und Betriebsstätte hier übrigens zur betrieblichen Nutzung.

- Ihr Betriebsvermögen darf nicht mehr als 235.000 Euro betragen.
- Ihr Gewinn darf maximal 100.000 Euro betragen.
- Bei Land- und Forstwirten darf der Wirtschafts- beziehungsweise Ersatzwirtschaftswert nicht mehr als 125.000 Euro betragen.
- Sie dürfen Investitionsabzugsbeträge insgesamt nur bis zu einer Höhe von maximal 200.000 Euro vornehmen.
- Sie müssen für jede geplante Investition einen gesonderten Abzugsbetrag bilden und in einem formlosen Beiblatt den geplanten Investitionszeitpunkt, die Investitionshöhe und die Funktion des Investitionsguts beschreiben.

Was alles nicht geht:

- Sie dürfen die gebildeten Investitionsabzugsbeträge nicht einfach für eine andere, nicht geplante Investition mit anderer Funktion in Anspruch nehmen, zum Beispiel anstatt eines Fahrzeugs eine neue Ladeneinrichtung.
- Es ist nicht möglich, die Investition gar nicht, geringer oder erst nach dem dritten Jahr vorzunehmen. Dann drohen Ihnen Steuernachzahlungen.

Die Hinzurechnung von Investitionsabzugsbeträgen

In drei Jahren erfolgt dann der Kauf des Firmenwagens. Sie zahlen wie geplant 20.000 Euro. Dies dürfen Sie im Formular EÜR unterhalb der Zeile »Investitionsabzugsbeträge – Hinzurechnung« eintragen. Wie bei der Bildung auch hier bitte wieder die Funktion des Wirtschaftsguts und die Anschaffungs- beziehungsweise Herstellungskosten eintragen. Ganz rechts dürfen Sie dann den in den Vorjahren für diese Investition gebildeten Investitionsabzugsbetrag eintragen. Im Beispiel waren das ja 8.000 Euro. Diese erhöhen Ihren Gewinn im Jahr der Anschaffung nun in genau dieser Höhe.

Nach dieser kleinen Schrecksekunde kommt nun der Trick bei dieser Sache: Diesen Hinzurechnungsbetrag dürfen Sie gleichzeitig bei den Betriebsausgaben in die Zeile »Herabsetzungsbeträge nach § 7g Abs. 3 und 4 EStG« eintragen. Damit haben Sie im Jahr der Anschaffung fiktive 8.000 Euro Betriebseinnahmen und fiktive 8.000 Euro Betriebsausgaben. Bis dahin also ein Nullsummenspiel im Jahr der Anschaffung.

Es bleibt noch Ihr Ansparvorteil aus den Vorjahren übrig. Den holt sich der Fiskus nun wieder zurück, indem Sie das Wirtschaftsgut während der Nutzungsdauer nur mit einem verringerten Betrag abschreiben dürfen. Dazu wieder zurück zum Beispiel:

Anschaffungskosten des Fahrzeugs	20.000 €
Abzüglich Herabsetzungsbetrag	8.000 €
Abschreibungsbasis	12.000 €

Tabelle 10.1: Reduzierte Abschreibungsbasis

Den Pkw dürfen Sie über sechs Jahre abschreiben. Anstatt mit 3.333 Euro dürfen Sie den Wagen nach Inanspruchnahme des Investitionsabzugsbetrags aber nur mit jährlich 2.000 Euro abschreiben. Jetzt raten Sie mal, wie viel die Differenz in sechs Jahren ausmacht? Richtig: Es sind genau 8.000 Euro, die Sie weniger abschreiben dürfen.

Den Gewinn ermitteln

Nun wird es wieder wesentlich einfacher. Zur Ermittlung des Gewinns müssen Sie im Formular EÜR nur noch in den Zeilen »Summe der Betriebseinnahmen ...« und »Summe der Betriebsausgaben ...« die Betriebseinnahmen und -ausgaben übertragen.

Dann noch schnell die Hinzurechnungen aus den Investitionsabzugsbeträgen in der nächsten Zeile eintragen; diese erhöhen den Gewinn. Anschließend tragen Sie die erwerbsbedingten Kinderbetreuungskosten und die gebildeten Investitionsabzugsbeträge ein, um damit den Gewinn wieder zu vermindern. Das Ergebnis ist Ihr Gewinn oder Verlust.

Sie können pro Kind bis zu 4.000 Euro Kinderbetreuungskosten geltend machen, sofern Sie alleinerziehend oder Sie und Ihr Ehepartner berufstätig sind. Von den tatsächlichen Ausgaben dürfen dies aber maximal 2/3 sein.

Teil IV

Steuerspartipps und Wechselgründe

In diesem Teil …

Es kann sein, dass Sie irgendwann zwischen den Gewinnermittlungsarten wechseln müssen. Hier erfahren Sie, wann das der Fall ist und was Sie dabei beachten müssen. Danach gibt es noch viele Steuertipps für alle Kleingewerbetreibende und Freiberufler.

Zwischen den Gewinnermittlungsarten wechseln

11

In diesem Kapitel

- Welche Anpassungen vorgenommen werden müssen
- Die Auswirkungen des Wechsels

Sie können aus zweierlei Beweggründen die Gewinnermittlungsart wechseln: einmal freiwillig aus Lust und Laune und einmal gezwungenermaßen, zum Beispiel bei Überschreiten der Grenze zur Buchführungspflicht. Egal, wie Sie wechseln, bewahren Sie in jedem Fall Kontinuität. Das bedeutet, dass Sie auch während des Wechsels alle Geschäftsfälle lückenlos jeweils einmal erfassen müssen.

Wenn Sie wegen der Überschreitung der Wertgrenzen wechseln müssen, dies aber unterlassen, kann das Finanzamt einen Übergangsgewinn schätzen.

Die traurige Wahrheit: Ein solcher Wechsel kann furchtbar kompliziert werden. Einmal angenommen, Sie wollen oder müssen von der Einnahmen-Überschussrechnung zum Bestandsvergleich wechseln. Dann müssen Sie plötzlich jede Menge Vorgänge anders behandeln. Alle Vorgänge müssen in der Eröffnungsbilanz so angesetzt werden, als wenn Sie schon immer so erfasst worden wären. Der Clou dabei: Einnahmen und Ausgaben kennen keine Periodenabgrenzung. Beim Wechsel zur Gewinnermittlung nach dem Bestandsvergleich kann es durch die erforderlichen Abgrenzungen zu erheblichen Gewinnkorrekturen kommen. Ich wünsche an dieser Stelle viel Spaß dabei.

Dazu ein kleines Beispiel. Eines schönen Morgens erhalten Sie von Ihrem Finanzamt Post. Es fordert Sie auf, zum 1. Januar eine Eröffnungsbilanz abzugeben, da Sie die Wertgrenzen der Einnahmen-Überschussrechnung überschritten haben. Sie haben für mehrere Stammkunden bereits Leistungen erbracht, dafür auch Rechnungen gestellt, aber wie immer monatelang kein Geld gesehen. Ihre Forderungen betragen 30.000 Euro.

Diese Forderungen spielten in der Einnahmen-Überschussrechnung keinerlei Rolle. Erst nach Zahlung wären es Betriebseinnahmen geworden. In der Eröffnungsbilanz müssen Sie diese 30.000 Euro jedoch als Forderungen erfassen. Wenn die Kunden später einmal zahlen, wirkt sich dies in der doppelten Buchführung nicht gewinnerhöhend aus, da nur eine gewinnneutrale Buchung »Kasse an Forderung« stattfindet.

Die Forderungen würden beim Übergang somit einfach unberücksichtigt bleiben, wenn keine Korrekturen erfolgen.

Selbstverständlich kann es auch gegenteilige Effekte geben, die Ihren Gewinn bei einem Wechsel in die Höhe schießen lassen. Auf Antrag können Sie diesen sogenannten Übergangsgewinn auch auf drei Jahre verteilen lassen.

Steuertipps für Überschussrechner

12

In diesem Kapitel

- Geschickt abschreiben
- Arbeitskleidung und Arbeitszimmer doch von der Steuer absetzen
- Fehler bei der Umsatzsteuer vermeiden

Alle schimpfen über die hohe Steuerlast. Gleichzeitig zeigt die OECD jedes Jahr im Herbst in ihrem Bericht »Revenue Statistics«, dass die Steuerbelastung in Deutschland weit unter dem Durchschnitt der OECD-Länder liegt. Die sogenannte Steuerquote, also das Steueraufkommen in Prozent des Bruttoinlandsprodukts, ist in Deutschland mit 22 Prozent etwa so niedrig wie in den USA. Deutlich niedrigere Steuerquoten gibt es nur in Mexiko, der Slowakei, in der Türkei und bis vor kurzem in Griechenland.

Wie passt das persönliche Empfinden nun mit der OECD-Statistik überein? Ganz einfach: Die Steuerlast im Land ist nicht gleich verteilt. In diesem Kapitel zeige ich Ihnen einige legale Möglichkeiten, Ihre persönliche Steuerquote zu senken.

Abschreibungskünstler

Bei der Abschreibung Ihrer Wirtschaftsgüter des Anlagevermögens gibt es ein paar Gestaltungsmöglichkeiten.

Schneller abschreiben

Die AfA-Tabelle des Bundesministeriums der Finanzen gibt vor, wie lange welches Wirtschaftsgut des Anlagevermögens abgeschrieben werden kann.

Sie können jedoch eine kürzere Nutzungsdauer und damit eine höhere Abschreibung durchsetzen, wenn Sie plausibel darlegen können, dass das Wirtschaftsgut bei Ihnen einem höheren Verschleiß unterliegt.

Sammelposten vermeiden

Wirtschaftsgüter des Anlagevermögens mit einem Anschaffungspreis bis 1.000 Euro landen im Sammelposten und werden, komme was wolle, fünf Jahre lang abgeschrieben. Kostet der PC lediglich 800 Euro, könnten Sie diesen somit in den Sammelposten aufnehmen und über fünf Jahre abschreiben. Pro Jahr würde die Abschreibung des PCs Ihren Gewinn damit lediglich um 160 Euro schmälern.

Wenn Sie zum nächst besseren Modell gegriffen hätten, zum Beispiel für 1.200 Euro, darf das Wirtschaftsgut nicht mehr in den Sammelposten und muss gesondert abgeschrieben werden. Der PC wird dann gemäß der AfA-Tabelle über drei Jahre abgeschrieben, was Ihren Gewinn jährlich um 400 Euro schmälert. Entsprechend sinkt auch Ihre Steuerquote.

Wenn Sie sich das bessere Modell nicht gönnen wollen, gibt noch eine Möglichkeit: Sie können sich neben dem PC auch gleich einen neuen Drucker für 250 Euro zulegen. Ein Drucker ist bekanntlich nur zusammen mit einem PC nutzbar, sodass Sie beide Anschaffungen zusammenfassen können. Und schon liegen Sie wieder über 1.000 Euro und können die beiden Wirtschaftsgüter über drei Jahre abschreiben.

Arbeitszimmer doch noch absetzen

Die Kosten für das häusliche Arbeitszimmer können Sie nur noch absetzen, wenn das Zimmer den Mittelpunkt Ihrer gesamten beruflichen Tätigkeit bildet. Dies wird bei Lehrern, Außendienstlern, nebenberuflich Selbstständigen und bei Selbstständigen, die viel beim Kunden vor Ort arbeiten, vom Finanzamt nicht so gesehen.

Trotzdem gibt es bei Ihnen in der Wohnung dieses häusliche Arbeitszimmer. Steuerlich unnütz und von den anderen Bewohnern gerne zum Hobbyraum oder Gästezimmer umgewidmet. Sie benötigen es aber dennoch für Ihre Arbeit. Einen kleinen Lichtblick gibt es immerhin: Wenn Sie das Zimmer nicht vornehmlich als Büro, sondern als Archiv oder Lager nutzen, wird es möglicherweise doch anerkannt.

Kosten für die Arbeitskleidung

Ihre Arbeitskleidung können Sie bekanntlich nur dann als Betriebsausgaben geltend machen, wenn sie privat nicht nutzbar ist. Die Trennung ist hier ja nicht immer ganz einfach. Im Straßenbild sind jedoch recht selten weiße Arztkittel zu sehen, Anzüge dagegen schon eher. Letztere können Sie damit nicht als Betriebsausgaben absetzen. Wenn Sie aber mit Ihrem Anzug im Büro oder beim Kundentermin an der Tischkante hängen bleiben und ihn dabei zerreißen, können Sie den Schaden als Betriebsausgabe geltend machen.

Es muss aber nicht immer gleich so schlecht laufen. Der Alltag ist grau, und ab und an müssen Sie Ihre Hemden auch waschen. Wenn Sie Ihre Hemden und andere Arbeitskleidung in die Reinigung geben, sammeln Sie bitte die Rechnungen und tragen Sie die Beträge bei den sonstigen Betriebsausgaben in das Formular EÜR ein.

Aufpassen bei der Umsatzsteuer

Damit das Finanzamt den Rechnungsbeleg als Nachweis für die gezahlte Umsatzsteuer akzeptiert und Ihnen die Vorsteuerrückerstattung nicht bei der nächsten Betriebsprüfung wieder streitig macht, muss die Rechnung nach § 14 Abs. 4 Umsatzsteuergesetz (kurz UStG) bestimmte Angaben enthalten. Das sind:

- ✔ Der vollständige Name und die Anschrift des Lieferanten sowie Ihres Unternehmens
- ✔ Das Ausstellungsdatum
- ✔ Die Steuernummer oder die sogenannte Umsatzsteuer-Identifikationsnummer (kurz USt-ID-Nummer) des Lieferanten
- ✔ Eine fortlaufende Rechnungsnummer
- ✔ Menge und Art der gelieferten Gegenstände oder Art und Umfang der sonstigen Leistung
- ✔ Der Zeitpunkt der Lieferung oder sonstigen Leistung
- ✔ Das Entgelt für die Lieferung oder die sonstige Leistung
- ✔ Der Steuersatz und der auf das Entgelt entfallende Steuerbetrag
- ✔ Eventuell ein Hinweis auf Steuerbefreiung
- ✔ Eine im Voraus vereinbarte Minderung des Entgeltes (zum Beispiel Skonto)

Fehlt auch nur eine dieser Angaben auf der Rechnung, ist der Vorsteuerabzug gefährdet.

Teil V

Der Top-Ten-Teil

In diesem Teil …

erhalten Sie noch zehn Tipps zu Einnahmen-Überschussprogrammen und nützlichen Internetseiten.

Zehn Tipps zur EÜR-Software und Internetseiten

13

In diesem Kapitel

- ✔ Gültige Rechtsquellen online finden
- ✔ EÜR-Software mit Kurzbeschreibung

Da das Steuerrecht doch recht häufig geändert wird, kann es nicht schaden, ein paar nützliche Internetseiten zu kennen, auf denen Sie den aktuellen Stand der Rechtssprechung finden. Danach gibt es hier im Kapitel eine Kurzübersicht über die EÜR-Software für alle, denen eine schlichte Tabelle mit Excel, Calc oder Numbers nicht ausreicht.

Bundesministerium der Justiz: Gesetze

`http://www.bundesrecht.juris.de/aktuell.html`

Hier finden Sie alle deutschen und europäischen Gesetze in ihrer jeweils aktuellen Fassung, so auch das aktuelle Steuerrecht.

Gründerlexikon

`http://www.gruenderlexikon.de`

Die Hauptadressaten dieser Website sind, wie es der Name schon sagt, Existenzgründer. Allerdings bietet diese Seite auch Nicht-Existenzgründern ein sehr umfangreiches Lexikon, in dem ihnen unter anderem viele Begriffe aus der Bilanzierungswelt nochmals anschaulich erklärt werden. Von A wie »AfA« bis Z wie »Zuschreibung« ist alles vertreten.

Wirtschaftslexikon24

`www.wirtschaftslexikon24.net`

Auf Wirtschaftslexikon24 finden Sie ein recht umfassendes Online-Wirtschaftslexikon. Hier erhalten Sie sehr schnell erste Informationen zu Ihrem Suchwort.

Betrieben wird diese Seite von einem Team von Freiwilligen. Spenden sind jederzeit herzlich willkommen, damit die Informationen weiterhin kostenlos zur Verfügung gestellt werden können.

BMF-Startseite

`www.bundesfinanzministerium.de`

Auf der Seite des Bundesministeriums der Finanzen finden Sie alle nötigen Ergänzungsschreiben und natürlich auch die aktuellen EÜR-Formulare.

WISO EÜR & Kasse

WISO EÜR & Kasse ist eine Buchhaltungssoftware für die Einnahmen-Überschussrechnung. Mit Hilfe der Software können Sie monatlich oder quartalsweise die Umsatz- und Vorsteuer ermitteln und per ELSTER-Schnittstelle direkt an das Finanzamt übermitteln.

- ✔ Systemvoraussetzungen: Windows
- ✔ Preis: 49,95 Euro

Mac-Habu Gold

Mac-Habu Gold ist eine Software für die einfache und die doppelte Buchführung. Ein DATEV-Export ist möglich, eine ELSTER-Schnittstelle ist ebenfalls vorhanden.

- ✔ Systemvoraussetzungen: ab Mac-OS X 10.3.9
- ✔ Preis: 120 Euro

MonKey Office

MonKey Office ist eine Software für die einfache und die doppelte Buchführung. Ein DATEV-Import und -Export ist möglich, eine ELSTER-Schnittstelle ist ebenfalls vorhanden. Ein Backup ist nicht nur lokal, sondern auch serverseitig möglich.

- ✔ Systemvoraussetzungen: Mac-OS X und Windows
- ✔ Preis: ab 56 Euro

Topix 8 Basic

Topix 8 Basic ist eine schon etwas umfangreichere Software für die einfache und doppelte Buchführung. Sie bietet selbstverständlich eine DATEV- und ELSTER-Schnittstelle, Backups sind wahlweise lokal oder serverseitig möglich. Eine Lohnbuchhaltung und Lagerverwaltung, CRM und ein Webshop sind ebenfalls dabei.

- ✔ Systemvoraussetzungen: Mac-OS X 10.4 und Windows
- ✔ Preis: auf Anfrage

MacKonto

MacKonto ist eine Software ausschließlich für die Einnahmen-Überschussrechnung. Ein DATEV-Export ist möglich, eine ELSTER-Schnittstelle ist ebenfalls vorhanden. Backups sind nur lokal möglich.

- HBCI-Onlinebanking ist ebenfalls möglich.
- Systemvoraussetzungen: ab Mac-OS X 10.4.11
- Preis: 119 Euro

MS-Buchhalter

Die Software MS-Buchhalter gibt es in verschiedenen Versionen, so auch als Version speziell für die Einnahmen-Überschussrechnung.

- Der Vorteil: Bei einem Umstieg auf eine MS-Buchhalter-Version mit doppelter Buchführung können Ihre bisherigen Daten integriert werden – was bei Programmen, die beides anbieten, jedoch selbstverständlich ist.
- Systemvoraussetzungen: Windows
- Preis: ab 129 Euro

Stichwortverzeichnis

A

Abfindungen 42
Abgabenordnung 14
Abschlagszahlungen 42, 65
Abschreibung, degressive 75
Abschreibung, leistungsabhängige 76
Abschreibung, lineare 74
Abschreibungen 49, 69
Abschreibungsmethode 73
Abschreibungsvolumen 73
Absetzungen für Abnutzung 69
AfA-Tabelle 73
Anlagevermögen 17
Anlagevermögen, abnutzbares 49
Anlagevermögen, nicht abnutzbares 48
Anschaffungskosten 70
Anschaffungsnebenkosten 66
Ansparabschreibung 104
Antrag auf Steuerermäßigung 35
Anzahlungen 42
Arbeitskleidung 117
Arbeitsvertrag 67
Arbeitszimmer 87, 117
Aufbewahrungspflicht 13, 15
Ausgleichsposten 105

B

Beihilfen 43
Beteiligungen 42
Betriebsausgabenpauschale 59, 61, 62
Betriebseinnahme, fiktive 51
Betriebseinnahmen 41
Betriebseinnahmen, umsatzsteuerfreie 45
Betriebsvermögen 20
Betriebsvermögen, gewillkürtes 21
Betriebsvermögen, notwendiges 21, 52
Bewirtungskosten 93
Bruttolistenpreis 52

D

Darlehen 43
Dienstleistungen 66
Durchlaufende Posten 43
Durchschnittssätze 44
Durchschnittssteuersatz 35

E

Eigentum, wirtschaftliches 72
Einkommensteuer 33
Einkunftsart 41
Ein-Prozent-Regel 52, 53, 86
ELSTER 32
Entfernungspauschale 85, 87
Entschädigungen 42
Erbschaften 43
Existenzminimum 35

F

Fahrtenbuch 52, 53, 85
Fahrtkosten 83
Finanzanlagen 48
Forstwirte 64
Freiberufler 19
Fristverlängerung 34

G

Gärtner 64

Geringwertige Wirtschaftsgüter 16, 80
Geschenke 93
Gewerbesteuer 37
Gewerbetreibende 20, 37
Gewinnermittlung per Bestandsvergleich 23
Gewinnermittlungsart 113
Grenzsteuersatz 35
Grundfreibetrag 34

H

Haushaltsführung, doppelte 86, 97
Hebesatz 38
Herabsetzungsbeträge 78, 80
Herstellungskosten 70, 72
Hinzurechnungsbetrag 109
Honorare 42
Hotelübernachtung 96

I

Investitionsabzugsbeträge 106
Istprinzip 25

J

Journalisten 60

K

Kilometerpauschale 84
Kinderbetreuungskosten 110
Kleinunternehmer 44
Kleinunternehmerregelung 28

L

Land- und Forstwirte 20
Leasing 71
Lehr- und Prüfungstätigkeit, nebenamtliche 60

M

Mehrwertsteuer 27

N

Nebentätigkeit 60, 62
Nutzungsanteil, privater 52
Nutzungsdauer 73

P

Pauschbeträge 55
Personal 67
Praxisgebühr 42
Privatentnahmen 41
Privatvermögen 21
Provisionseinnahmen 42

R

Ratenzahlungen 65
Raumkosten 87
Reisekosten 96
Reserve, stille 101, 102
Restbuchwert 49, 82, 102
Rücklagen 101

S

Sachanlagen 48
Sachleistungen 43
Sammelposten 16, 51, 80, 82, 116
Schadensersatzzahlungen 42
Schenkung 66
Schenkungen 42, 43
Schriftsteller 60
Schuldzinsen 91

Sollbesteuerung 32
Sonderabschreibungen 78
Stammdaten 41
Steuerprogression 34, 36
Steuerquote 115

T

Tagesmütter 60, 61
Teilwert 50, 52

U

Überentnahme 92
Übergangsgewinn 114
Übungsleiterfreibetrag 63
Umlaufvermögen 17
Umsatzsteuer 27, 46
Umsatzsteuer, vereinnahmte 43
Umsatzsteuer-Durchführungsverordnung 30
Umsatzsteuerpflicht 51
Umsatzsteuer-Voranmeldung 31

V

Vermögensgegenstände, immaterielle 48
Verpflegungsmehraufwand 95
Vorauszahlungen 34
Vorschüsse 42
Vorsteuer 27
Vorsteuerpauschale 30, 31

W

Wertsteigerungen 43

Z

Zinseinkünfte 43
Zuschüsse 43

FÜR DUMMIES

GEWUSST WIE MIT DEN »POCKETBÜCHERN FÜR DUMMIES«

Arbeitszeugnisse für Dummies
ISBN 978-3-527-70586-3

Assessment-Center für Dummies
ISBN 978-3-527-70464-4

Balanced Scorecard für Dummies
ISBN 978-3-527-70466-8

Grundlagen des Small Talk
für Dummies
ISBN 978-3-527-70608-2

Grundlagen Projektmanagement
für Dummies
ISBN 978-3-527-70595-5

Der erfolgreiche Verkaufsabschluss
für Dummies
ISBN 978-3-527-70463-7

Gute Teamarbeit für Dummies
ISBN 978-3-527-70462-0

NLP-Grundlagen für Dummies
ISBN 978-3-527-70456-9

Techniken der Schlagfertigkeit
für Dummies
ISBN 978-3-527-70798-0

Werben mit kleinem Budget
für Dummies
ISBN 978-3-527-70458-3